◎高校建筑类专业“互联网+”创新教材

建筑识图与制图习题集

国赛建筑识图与制图配套（1+X证书）教材

主　编　林　敏
副主编　速云中　邱燕红　张　伟　朱溢镕

哈爾濱工業大學出版社
HARBIN INSTITUTE OF TECHNOLOGY PRESS

内 容 简 介

本书以“项目导向、任务驱动、‘教学做’一体化”教学模式的教学改革为方向，以建筑识图与制图实训的典型工作任务为内容，以“1＋X”建筑识图与制图等典型比赛考点为依据，精心编写了相关操作知识并设计了“建筑工程识图”的4个学习项目、“建筑工程绘图”的5个学习项目。

本书可以作为高职学院建筑类专业的教材，也可以作为国赛建筑识图与制图配套（1＋X证书）培训用书和企业建筑设计人员学习的参考书。

图书在版编目（CIP）数据

建筑识图与制图习题集/林敏主编. —哈尔滨：哈尔滨工业大学出版社，2023.8

国赛建筑识图与制图配套（1＋X证书）教材

ISBN 978-7-5603-9951-5

Ⅰ.①建… Ⅱ.①林… Ⅲ.①建筑制图－识图－高等学校－习题集 Ⅳ.①TU204－44

中国版本图书馆CIP数据核字（2022）第016932号

策划编辑　王桂芝
责任编辑　陈雪巍　林均豫
出版发行　哈尔滨工业大学出版社
社　　址　哈尔滨市南岗区复华四道街10号　邮编150006
传　　真　0451-86414749
网　　址　http://hitpress.hit.edu.cn
印　　刷　廊坊市鸿煊印刷有限公司
开　　本　787 mm×1 092 mm　1/16　印张12.25　字数262千字
版　　次　2023年8月第1版　2023年8月第1次印刷
书　　号　ISBN 978-7-5603-9951-5
定　　价　58.00元

编 写 人 员

主　编　林　敏　广东省高等学校领军人才 工学博士 副教授

广东工贸职业技术学院测绘遥感信息学院专业带头人

副主编　速云中　广东省高等学校领军人才 副教授

广东工贸职业技术学院测绘遥感信息学院院长

邱燕红　高级工程师 广东工贸职业技术学院测绘遥感信息学院

张　伟　高级工程师 广东工贸职业技术学院测绘遥感信息学院

朱溢镕　高级工程师 广联达软件股份有限公司

前　言

为了深入贯彻国务院和教育部关于职业教育的相关文件和精神，进一步深化职业教育的教学改革，提高人才培养质量，编者根据高等职业教育的教学特点，结合建筑类专业的教学实际，坚持以服务为宗旨、以就业为导向、以技能为核心的职业教育理念，推广教育信息化，在广泛调研的基础上编写了本系列图书。书中的理论知识讲解以“够用”为原则，试题演练、透彻；在“试题演练”部分，基于建筑识图与制图实训的工作过程，注重任务实施的过程性与完整性。

本系列图书按新规范、新标准编写，与新技术 BIM 同步，实现“学生”“基础理论”“软件实操”同步学习的三位一体模式，突出实训、实例教学；图文并重，深入浅出，符合学生的认知规律；强化实践与应用，引用的专业例图全部来自实际工程，有助于培养学生识读成套施工图的能力。本书采用“教学做”一体化教学模式，各项目教学学时建议如下：

项目	项目内容	建议学时
项目一、二	试卷 A:“建筑工程识图”试卷＋答案	10
项目三	试卷 A:“建筑工程识图”工程建筑施工图集	10
项目四	试卷 A:“建筑工程识图”工程结构施工图集	10
项目五	试卷 B:“建筑工程绘图”试卷	10
项目六	试卷 B:“建筑工程绘图”工程建筑施工图集	10
项目七	试卷 B:“建筑工程绘图”工程结构施工图集	10
项目八	试卷 B:“建筑工程绘图”评分细则	3
项目九	试卷 B:“建筑工程绘图”答案	3
合　计		66

本书配套有电子课件、原理动画、视频等信息化资源（可联系邮箱 linmin3000@163.com 获取），通过信息化教学手段，将纸质教材与课程资源有机结合，最大限度地满足教师教学和学生学习的需要，提高教学和学习质量，促进教学改革，属于资源丰富的“互联网＋”智慧教材。本书采用活页式设计，方便实训课程的组织与实施。

本书由林敏担任主编，负责编写第一篇和第二篇的项目一至项目七并完成统稿；速云中负责编写项目八；邱燕红、张伟、朱溢镕负责编写项目九。

感谢中达安股份有限公司、广州智迅诚地理信息科技有限公司、广东省国土资源测绘院的鼎力支持，以及国、省赛各级专家、教师的悉心指导，为本书的顺利出版奠定了坚实基础。

本书中的建筑施工图集和结构施工图集等均来自往年经典案例，故图集中引用的部分国家规范、标准以当时为准，仅供读者锻炼识图、绘图能力参考使用。

由于编者水平有限，书中难免存在疏漏和不足之处，恳请业内专家、同仁、广大读者批评指正（编者邮箱：120887403@qq.com）。

编　者

中国广州

2023 年 7 月

目　　录

第一篇　知识讲解

第二篇　试题演练

第一篇　知识讲解

第1章　图形打印

❖ 学习目标

(1)掌握为 AutoCAD 系统配置输出设备的方法。

(2)掌握利用 PLOT 命令进行各种绘图参数设置的方法。

(3)了解图形输出的一般方法和步骤。

(4)了解布局的使用方法。

❖ 本章重点

打印机的安装与设置,图样打印比例设置,图形颜色设置,线条宽度设置,布局的设置与使用,打印前的视窗设置。

❖ 本章难点

图样打印比例设置,线条宽度设置,布局的使用。

同所有工程设计一样,土木工程设计的图样是设计思想的最终载体,它将在房屋建筑设计、交流和施工中发挥重要作用。因此,与文字、表格处理系统一样,图形编辑系统提供了图形输出功能,以实现图形信息从数字形式向模拟形式、从数字设计媒体向传统设计媒体的转换。

实际上,显示在屏幕上的图像也是计算机的输出结果,只是人们习以为常罢了。将图形在打印机或绘图仪上描绘出来和把图形在屏幕上显示出来,其原理和过程是完全相同的，都是把图形数据从图形数据库传送到输出设备上。为了区别起见，习惯上把绘制在传统介质(绘图纸、胶片等)上的图形称为图形的硬拷贝。

1.1 正确地设置绘图仪或打印机

把图形数据从数字形式转换成模拟形式，驱动绘图仪或打印机在图纸上绘制出图形，这一过程是通过绘图仪和打印机的驱动程序实现的。不同类型的绘图仪和打印机需要使用不同的驱动程序，因此要在 AutoCAD 系统中输出图形，必须告知 AutoCAD 所使用的绘图仪或打印机的型号，以便装入相应的驱动程序。这也是在绘图前必须配置绘图仪或打印机的原因。

一个绘图设备配置中包含设备的相关信息，例如设备的驱动程序名、设备的型号、连接该设备的输出端口以及与设备有关的各种设置；同时也包含与设备无关的信息，例如图纸的尺寸、放置方向、绘图比例以及绘图笔的参数、优化、原点和旋转角度等。

需要注意的是，AutoCAD 并没有把绘图设备的相关配置信息存储在图形文件中。在准备输出图形时，可以在 AutoCAD 中进行图面的布置，在"打印"对话框中选择一个现有配置作为基础，对其中的某些参数进行必要的修改。用户也可以把当前配置储存成新的绘图设备默认配置。

1.1.1 使用系统默认打印机

在 Windows 10 和 Windows 11 系统中，如果不加任何说明，直接打印图形时，AutoCAD 2018 将使用默认的系统打印机。一般激光打印机和喷墨打印机不用进行特殊设置，可以直接输出图形。对于针式打印机，由于打印图形的效果不佳，在此不作介绍。

1.1.2 在 AutoCAD 2018 中设置绘图仪或打印机

在 Windows XP 系统下，当本地连接常见的激光打印机时，使用系统打印机(默认设备)就可以完成打印任务，不用作特殊设置。AutoCAD 2018 所提供的预设绘图仪或打印机的驱动程序都是比较常用或现在已有的机型，对于比较新的机型，Windows 的驱动程序就不一定适用了。

大多数可以用于 AutoCAD 的绘图仪或打印机多附有它们自己的驱动程序，只要在购买时确认该绘图仪或打印机的驱动程序可以支持 AutoCAD 2018，然后再按所安装软件的说明将该驱动程序安装到 AutoCAD 2018 中。安装完绘图仪或打印机的驱动程序后，AutoCAD 2018 里的绘图仪或打印机的列表里将多一项该驱动程序的名称，选取此驱动程序进行设置，就可以利用此绘图仪或打印机来出图。

在 AutoCAD 2018 里，如要配置绘图仪和打印机可参照下列步骤。

(1)进入 AutoCAD 2018 的主操作画面中。

(2)选择下拉菜单的“文件”→“打印机管理器”菜单项,将出现“Plotters(打印机)”对话框(图 1.1)。

图 1.1 “Plotters”对话框

(3)在图 1.1 对话框中,用鼠标左键双击“添加打印机向导”标签并在图 1.2 中单击“下一步”,将出现如图 1.3(a)所示的对话框(“我的电脑”单选按钮用于选择系统打印机以外的本地设备;“网络打印机服务器”单选按钮则用于选择网络打印机;“系统打印机”单选按钮用于选择系统默认打印机——直接与本地连接的激光打印机一般选择此项),为了选择本地的非默认设备(如滚筒绘图仪),选择“我的电脑”单选按钮,从图 1.3(b)所示“型号”窗口中选择需要的设备(如图中选择了惠普的 Design Jet 430 C4713A 绘图仪)。

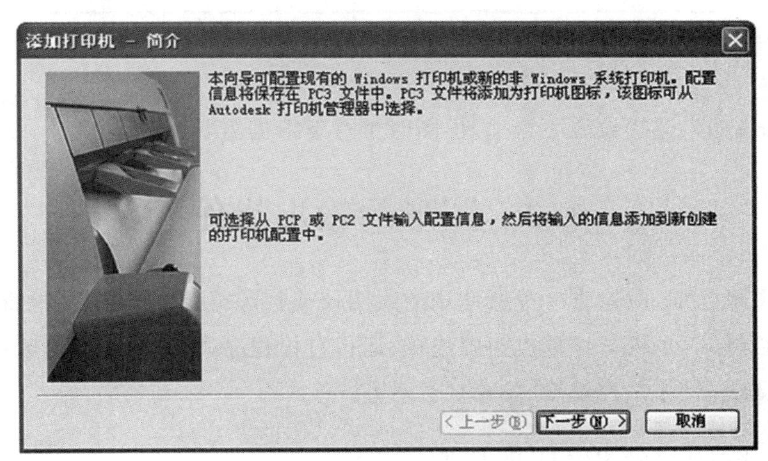

图 1.2 “添加打印机一简介”对话框

所有 AutoCAD 2018 的打印机或绘图仪驱动程序都会出现在对话框中。新购买的打印机或绘图仪连接到计算机后,在图 1.3(b)所示窗口中如果有对应的驱动程序,只要单击选取该驱动程序,然后再依提示安装即可。

(4)当选取某绘图仪或打印机的驱动程序后,系统就会针对该绘图仪或打印机的连接与其他设置询问相关的信息。可以说,只要连接设置正确,其他有关绘图输出的设置就可

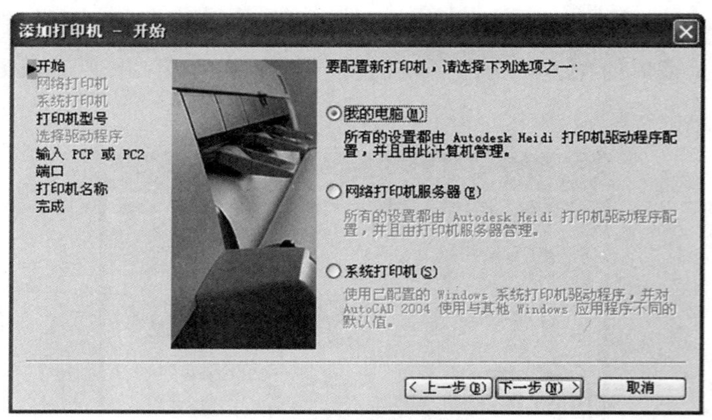

(a)“添加打印机 - 开始”

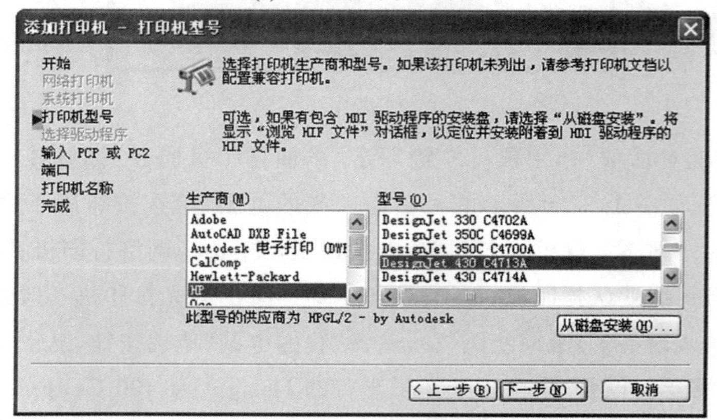

(b)“添加打印机 - 打印机型号”

图 1.3 “添加打印机”对话框

以按提示完成；如果连接设置不合适，出图时可重新根据需要修改。

1.2 图形的输出操作

在输出图形之前，应检查一下所使用的绘图仪或打印机是否准备好；检查绘图设备的电源开关是否打开，是否与计算机正确连接；运行自检程序，检查绘图笔是否堵塞跳线；检查是否装上图纸，尺寸是否正确，位置是否对齐。

1.2.1 绘图命令 PLOT 的功能

绘图命令 PLOT 将主要解决绘图过程中的以下问题：

(1)打印设备的选择。

(2)设置打印样式表参数。

(3)确定要输出的图形范围。

(4)选择图形输出单位和图纸幅面。

(5)指定图形输出的比例、图纸方向和绘图原点。

(6)图形输出的预览。

(7)输出图形。

1.2.2 命令的启动方法

启动 PLOT 命令,可选择下列方式之一。

(1)单击标准工具条上的打印工具按钮。

(2)选择下拉菜单的“文件”→“打印”菜单项。

(3)在命令行输入 PLOT 命令。

1.2.3 图形输出参数设置

启动 PLOT 命令后,弹出“打印”对话框(图 1.4)。

1. 选择绘图设备

单击“打印设备”标签显示图 1.4 所示的界面,在“打印机配置”栏中显示系统当前默认绘图设备的型号,单击下拉按钮可以选择其他绘图设备。在图 1.5 所示下拉列表中显示系统当前默认绘图设备的型号和连接端口,列表框中列出了所有配置过的绘图设备的标识名,可以根据需要(按鼠标左键)选取绘图设备。

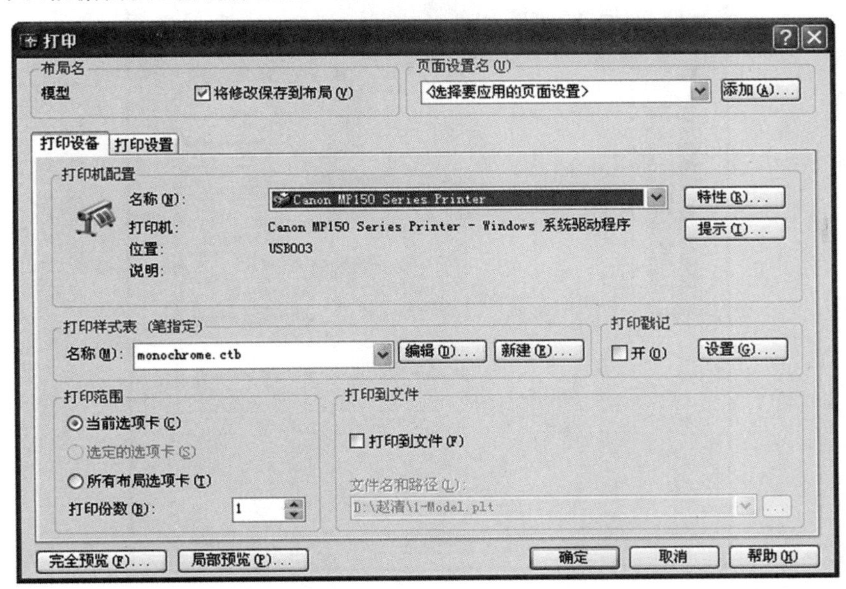

图 1.4 “打印”对话框

2. 设置打印样式表参数

单击图 1.4“打印样式表(笔指定)”栏中的“名称”下拉按钮,选择打印样式名称(当前

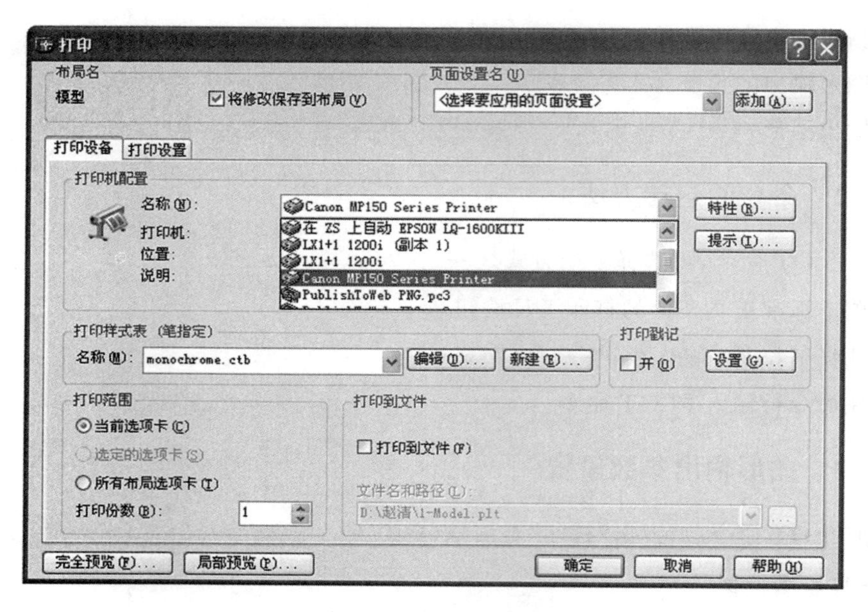

图 1.5　打印机配置

选择“monochrome.ctb”)，接着单击右侧“编辑”按钮，出现图 1.6 所示的对话框，当前显示的为“格式视图”选项卡对应的内容。

图 1.6　选择要修改的颜色

在图 1.6 所示对话框中，我们可以根据实体颜色指定绘图特性，改变当前图形各线条显示的颜色和对应的打印图样的线条颜色(图 1.7)、颜色深浅、线型、线宽等参数，这些手段对复杂图样的输出有较大帮助。

图 1.7　改变图形的打印颜色

线型参数是旧式绘图技术的遗迹，因为早期的 CAD 只能画出连续实线，只能依靠绘图仪所定义的线型来绘制非连续线。现在，AutoCAD 已经提供了十分丰富的线型，因此不再需要设置绘图仪的线型。

线宽应根据实际出图规格设置。在输出图样时，通过设置各线条的线宽，可以达到线条粗细有别的效果，所以对线宽的设置非常重要。

对于需要特殊打印效果的图样，可以采用“淡显”改变输出图形的浓淡。

所有格式定义好后，单击“保存并关闭”按钮。

3. 图纸测量单位和图纸幅面的选择

(1)选择图纸测量单位。

图纸测量单位指图形输出到图纸上的长度测量单位。在图 1.8(a)所示的“图纸尺寸和图纸单位”栏有两个单选按钮可用来选择图样上的长度测量单位：选择“英寸”单选按钮，则长度测量单位为英寸；选择“毫米”单选按钮，则长度测量单位为毫米。图纸测量单位将确定所有绘图参数的单位。

(2)选择图纸幅面。

单击图 1.8(a)中的“图纸尺寸”下拉按钮，从下拉列表显示该绘图仪支持的标准图纸幅面的代号及其尺寸，单击选择需要的图纸大小(如图 1.8(b)中选择了 A3 图幅)。

选中“图形方向”栏中的“横向”单选按钮时，图纸的长边与 x 轴方向平行；若“纵向”单选按钮被选中，则图纸的短边与 x 轴方向平行。

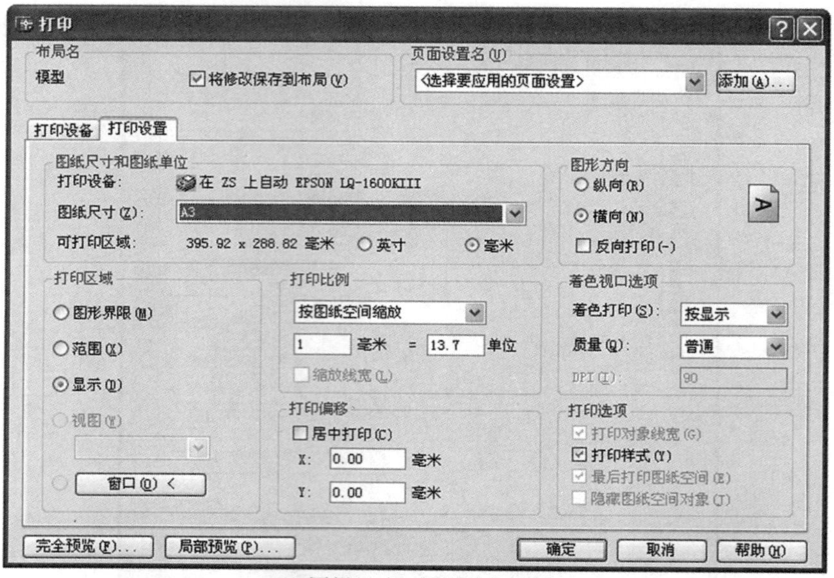

(a) 图纸尺寸、图样单位设置

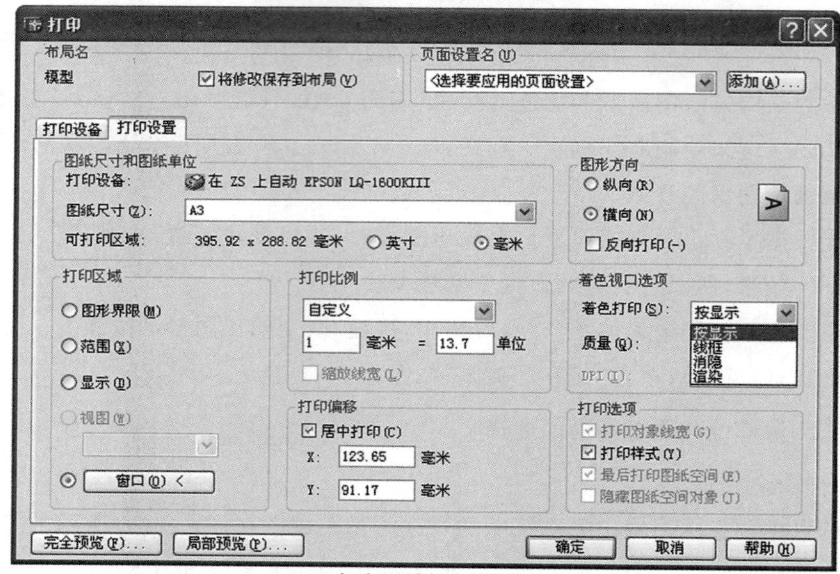

(b) 打印区域与方向设置

图 1.8　图样尺寸、图样单位、打印区域与图形方向的设置

4. 确定打印区域

确定图形输出范围有 5 种方法，分别由图 1.8(a)“打印区域”栏的 5 个单选按钮选定。

(1)选择“图形界限”单选按钮，则输出图形极限范围内的全部图形。

(2)选择“范围”单选按钮，则输出实际绘制的全部图形。

(3)选择“显示”单选按钮，则输出当前视窗内显示的全部图形。

(4)选择“窗口”单选按钮，可以打印欲输出图形中的任一矩形区域内的图形。单击

"窗口"按钮后进入图形界面,屏幕命令行提示如下:

指定打印窗口

指定第一个角点:0,0↙(矩形区域的一个角点)

指定对角点:420,297↙(矩形区域的另一个角点,该操作是选定A3图幅大小)

注意:亦可在当前的视窗内,使用光标从任意一点开始选择一矩形窗口,则打印输出所选定的矩形窗口内的所有内容。

(5)"视图"单选按钮处于选中状态时,表示选择了某一视图作为输出范围。如果打印以前使用VIEW命令保存的视图,可以从提供的列表中选择已命名的视图。如果图形中没有已保存的视图,此选项不可用。

5.确定绘图比例

绘图比例是最关键的一个参数,它决定了图形绘到图纸上的比例和大小。在图1.9中"打印比例"栏的文字框中或下拉列表中可以选定绘图输出比例。图1.9中"打印比例"栏中,等号左侧文本框显示的是打印图纸大小,右侧文本框显示的是绘图单位大小,即图纸上的多少毫米(或英寸)等于图形中的多少绘图单位。它们的数值分别在用等号连接的左右两个文本框中输入。例如,假设把图形测量单位设定为毫米,欲使用1∶1 000的比例绘图,则应首先从下拉列表中选择自定义,然后在等号左侧文本框中输入1,在等号右侧文本框中输入1 000。只要保证两者的比值为1∶1 000,也可输入其他数值,如1.23和1 230等。一般来讲,该比例在绘图之前就已确定(如建筑施工图中除总平面图和详图外,其余图纸多用1∶100的比例)。

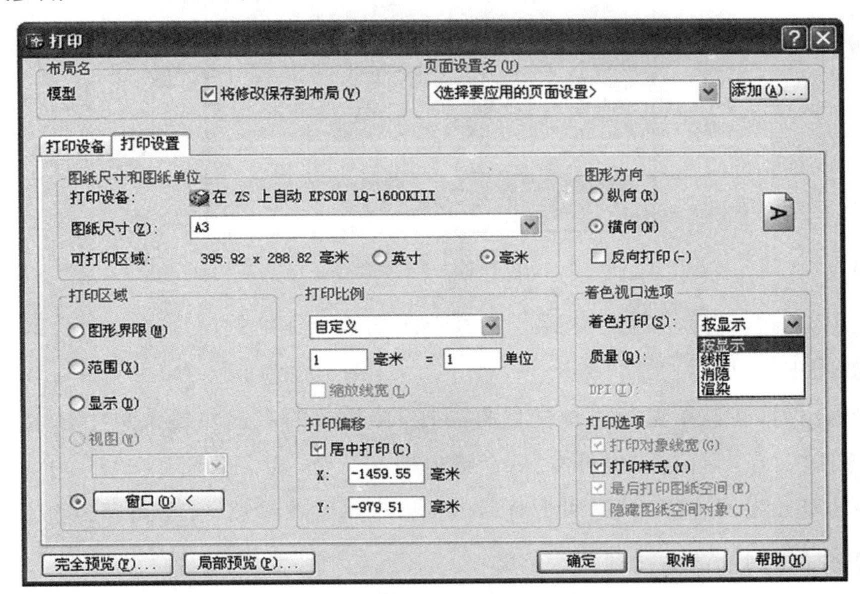

图1.9 打印比例、预览及着色视口的设置

“打印比例”栏中的“缩放线宽”开关用来控制线宽是否按打印比例缩放。如关闭它，线宽将不按打印比例缩放。一般情况下，打印时图形中的各实体按图层中指定的线宽来打印，不随打印比例缩放。

在设计过程中，常常需要输出中间成果，进行检查、交流或送审。在这种情况下，比例不是特别重要，充分利用有限的图纸幅面尽可能大地输出需要的图形即可。这时，只需在“打印比例”栏的下拉列表中选择“按图纸空间缩放”选项，AutoCAD就会根据用户所确定的输出区域和图纸幅面，自动计算出绘图比例，并显示在打印比例区等号左右的两个文本框中。

6. 图形输出前的预览

选择页面设置或进行打印设置后，可利用图1.9左下角的“完全预览”和“局部预览”按钮以两种方式预先浏览图形的输出效果。

局部预览：选择“局部预览”按钮，表示预览时不需要显示详细内容，只要将图形与图纸的相对位置显示出来，以检查图形是否有超出图纸范围即可。选中后即可开始预览，效果如图1.10所示。单击“确定”按钮，即可返回“打印”对话框。

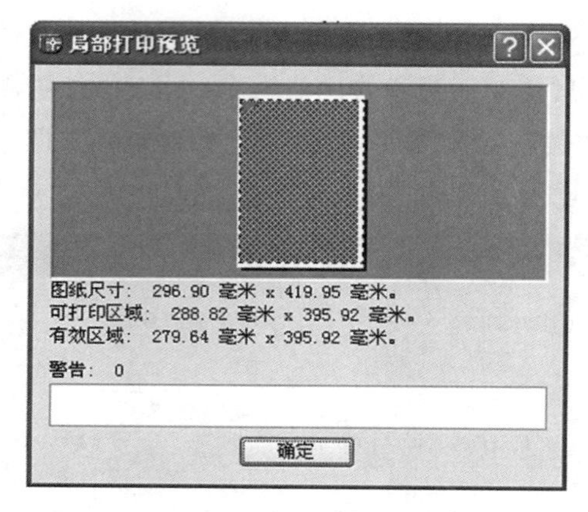

图1.10　局部预览

完全预览：选择“完全预览”按钮，表示要预览整个详细的图面。选中后即可开始预览，效果如图1.11所示。

当要退出时，在该预览画面单击鼠标右键，在弹出的右键快捷菜单中选取“退出”选项，即可返回“打印”对话框，也可按“Esc”键退回。

如果预览效果不理想，可返回主对话框重新调整绘图参数，直至满意为止。

7. 图形输出时的消隐控制

图1.9“着色打印”选项下拉列表中的“消隐”选项，用来控制从模型空间输出当前视窗中的三维图形时是否消除隐藏线。只要选择“消隐”选项，则在输出图形时，系统会消除

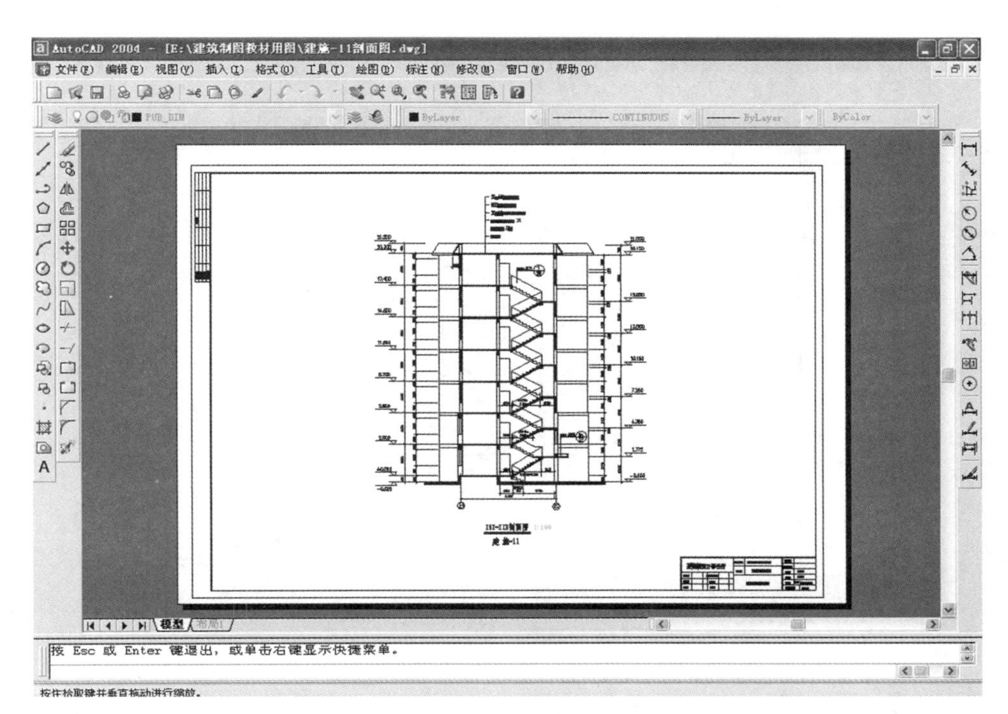

图 1.11　完全预览

当前视窗中三维图形的隐藏线，而无须事先用 HIDE 命令消除当前视窗内三维图形的隐藏线。从图纸空间环境出图时，浮动视窗内的图形是否消隐与是否选定“消隐”状态无关。

8. 输出到绘图文件

如果当前没有连接合适的绘图设备，可先把图形输出为一个绘图文件，之后再打印出来。在图 1.4 的“打印到文件”栏中首先选中“打印到文件”单选按钮，然后再单击“文件名和路径”按钮，弹出“浏览打印文件”对话框，在选定的路径输入绘图文件名。绘图文件名的默认文件名为“当前图形文件名－Model. plt”，默认扩展名为. plt。在网络环境下工作的用户可利用这一功能进行脱机绘图。

1.2.4　图形输出

当全部图形输出的选择均完成后，按图 1.4“打印”对话框的“确定”按钮即可从绘图设备绘出图形。

在模型空间内，使用 PLOT 命令即可将图形绘制到图纸上。它适合于输出图形各部分的绘图比例相同，图形方向也一致的情况。

【例 1.1】　输出图 1.12 所示图形界面中的图形。

操作步骤：

(1)启动 PLOT 命令。选择下拉菜单中的“文件”→“打印”选项，弹出图 1.4 所示的对话框。选择打印机为 EPSON LASER EPL－N1610。

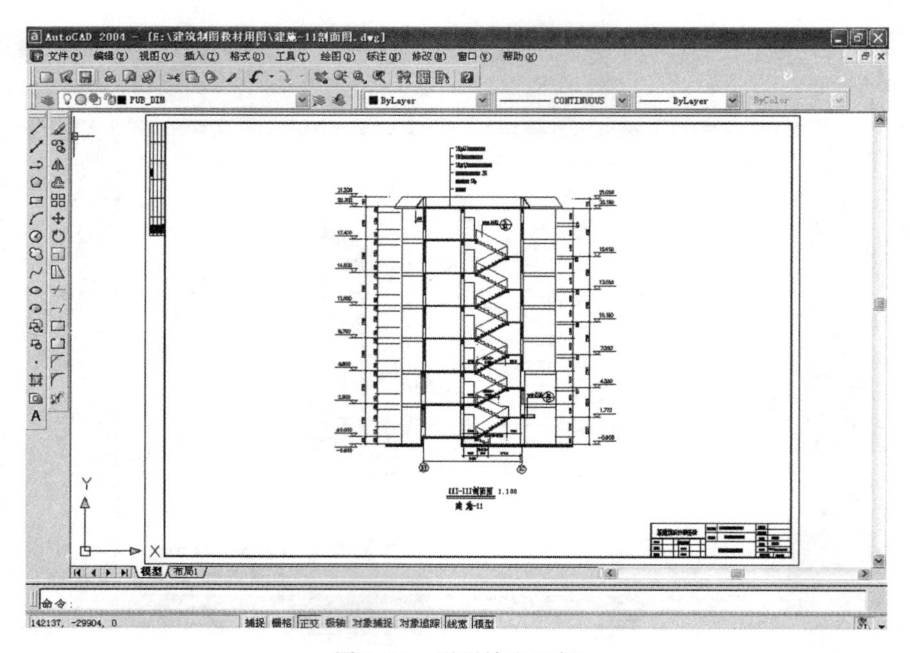

图 1.12　图形输出示例

(2)选择绘图仪/打印机并设定其参数选项。单击“打印机配置”栏内的“特性”按钮，弹出“打印机配置编辑器”对话框(图 1.13)，单击“自定义特性”按钮，出现“文档”属性对话框，然后单击“布局”标签，出现图 1.14 所示的对话框，选择打印机的纸张布局参数等。

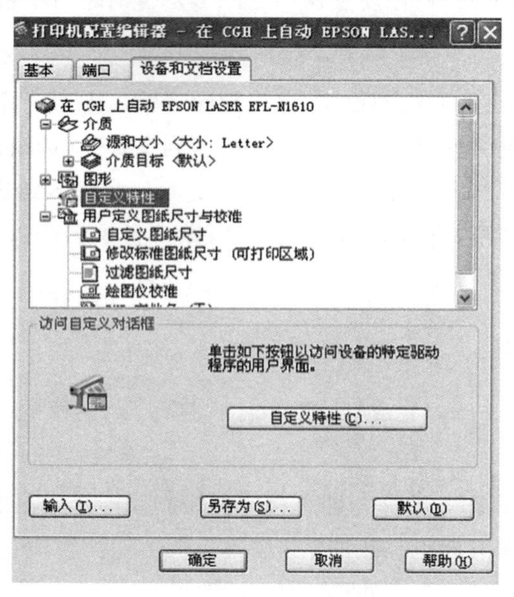

图 1.13　“打印机配置编辑器”对话框

(3)设置打印线条颜色、线型、线宽。参照图 1.7，在列表框内选择所有颜色的打印颜色为黑色(先单击图 1.6 的“颜色 1”选项，按住“Shift”键拖动图 1.6 中的下拉滑条至底

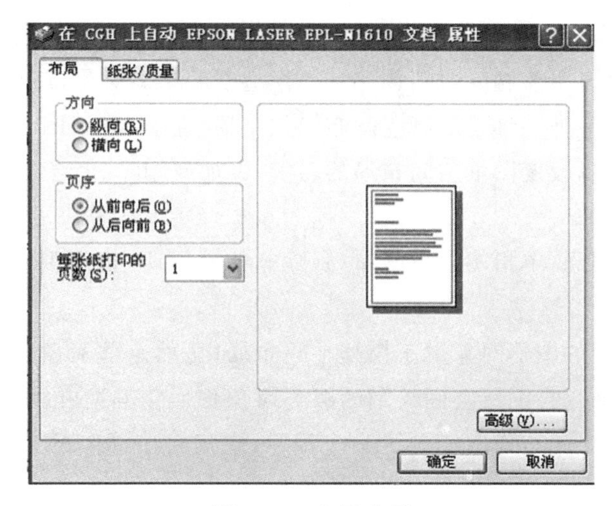

图 1.14 布局选项

部,再选择右侧“特性”栏“颜色”下拉列表中的“黑色”选项),“线型”下拉列表选择“使用对象线型”选项,“线宽”下拉列表选择“使用对象线宽”选项。

(4)选择绘图单位“毫米”,选择图纸幅面“A3”,设置绘图比例 1∶1。

(5)指定图形输出范围。单击图 1.9“窗口”按钮,按照命令交互区提示,依次输入左下角(0,0)和右上角(420,297)的坐标。“打印偏移”栏选择“居中打印”选项。

(6)预览输出前的图形。单击“完全预览”按钮,预览图形的输出效果(图 1.11)。

(7)单击“打印”对话框的“确定”按钮输出图形。

1.3 利用布局打印

AutoCAD 的工作空间分为模型空间和图纸空间,人们一般习惯在模型空间绘制图形,在图纸空间打印图形。一般情况下两者是独立的,即在图纸空间看不到模型空间中创建的实体,同时在模型空间看不到图纸空间的图形。作为设计者,最关心的问题是模型空间图形能否完整、动态和实时地显示于图纸空间,模型空间的图形变化每次改动能否自动同步地显示于图纸空间。这一任务通过布局工具就可以完成。

1.3.1 布局的概念与作用

要理解布局,首先要理解布局与模型空间、图纸空间的关系。

模型空间是用户建立对象模型所在的环境。模型即用户所画的图形,可以是二维的,也可以是三维的,模型空间以现实世界的通用单位来绘制图形对象。

图纸空间是专门为规划打印布局而设置的一个绘图环境。作为一种工具,图纸空间用于在绘图输出之前安排设计模型的布局,在 AutoCAD 中,用户可以用许多不同的图纸空间来表现自己的图形。

广义概念上的布局包括两种：一种是模型空间布局（“模型”选项卡），用户不能改变模型空间布局的名字，也不能删除或新创建一个模型空间布局对象，每个图形文件中只能有一个模型空间布局；另外一种是图纸空间布局（“布局”选项卡），用于表现不同的页面设置和打印选项，用户可以改变图纸空间布局的名字，添加或删除（但至少保留 1 个）图纸空间布局。

狭义概念上的布局，单指图纸空间布局（除非特殊说明，否则下文中的“布局”均单指图纸空间布局）。

在模型空间绘制的图形对象属于模型空间布局（虽然这些对象可以在图纸空间的浮动视图区内显示出来）；在图纸空间绘制的图形对象仅属于其所在的布局，而不属于其他布局。例如，在布局 1 的布局内绘制了一个线段，它仅在布局 1 的布局内显示，在布局 2 的布局内并不显示。

1.3.2 建立新布局

利用菜单栏、工具栏、命令行和屏幕“布局 x（x 一般取 1、2）”选项卡 4 种方式之一可以创建布局。

1. 用 LAYOUT 命令创建布局

LAYOUT 命令可以创建、删除、保存布局，也可以更改布局的名称。

（1）新建布局。

命令：LAYOUT↙

输入布局选项[复制(C)/删除(D)/新建(N)/样板(T)/重命名(R)/另存为(SA)/设置(S)/?]＜设置＞：N↙

输入新布局名＜布局 3＞：创建布局举例↙

（2）复制布局。

用复制已有布局的方式建立新的布局时，键入要复制的源布局和新建布局的名称（默认条件下，新布局名称为原布局名称后加括号，括号内为一个递增的索引数字号）即可完成该操作。

（3）删除布局。

选择“删除布局”选项后，AutoCAD 提示输入要删除的布局名称，然后即可删除该布局。当删除所有的布局以后，系统会自动生成一个名为“布局 1”的布局，以保证图纸空间的存在。

（4）以原型文件创建新布局。

以样板文件（.dwt）、图形文件（.dwg）或 DXF 文件（.dxf）中的布局为原型创建新的布局时，新布局中将包含源布局内的所有图形对象和浮动视口（浮动视口本身就是图纸空间的一个图形对象），但不包含浮动视口内的图形对象。选择“样板（T）”选项后，如果系统变量 FIELDIA＝1，则显示“从文件选择样板”对话框，在对话框中选择相应的文件(.dwt、.dwg、.dxf)后，单击“打开”按钮，AutoCAD 将用“插入布局”对话框显示该文件中包含的布局。用户可以从中选择一个布局作为新布局的模板。

(5)重命名布局。

重命名布局就是更改布局的名称。选择“重命名(R)”选项后，系统首先提示输入布局的原名称，然后提示输入布局的新名称。

(6)另存布局。

使用“另存为(SA)”选项可以将布局(包括布局内的图形对象和浮动视口)保存到一个模板文件(.dwt)、图形文件(.dwg)或 DXF 文件(.dxf)中，以备其他用户使用。

(7)设置为当前布局。

使用“设置(S)”选项可以将某一布局设置为当前布局。

(8)显示布局。

使用“?”选项可以显示图形中存在的所有布局。

2. 用 LAYOUTWIZARD 命令创建布局

激活 LAYOUTWIZARD 命令后，AutoCAD 显示图 1.15 所示的对话框，该对话框的左侧显示了向导的运行步骤和当前步骤，创建新布局的步骤如下。

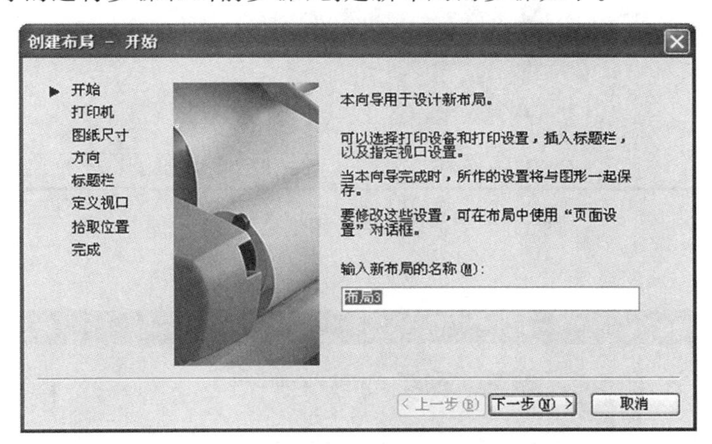

图 1.15 “创建布局—开始”对话框

(1)在“创建布局—开始”对话框中输入一个布局的名字后，单击“下一步”按钮，打开图 1.16 所示的对话框。

(2)在“创建布局—打印机”对话框中，选择该布局要使用的打印机(绘图仪)，然后单击“下一步”按钮，打开图 1.17 所示的对话框。

(3)在“创建布局—图纸尺寸”对话框中指定纸张大小和单位。有效的纸张大小和单位是由打印机或绘图仪本身决定的。在确定了纸张大小和单位后，单击“下一步”按钮，打开图 1.18 所示的对话框。

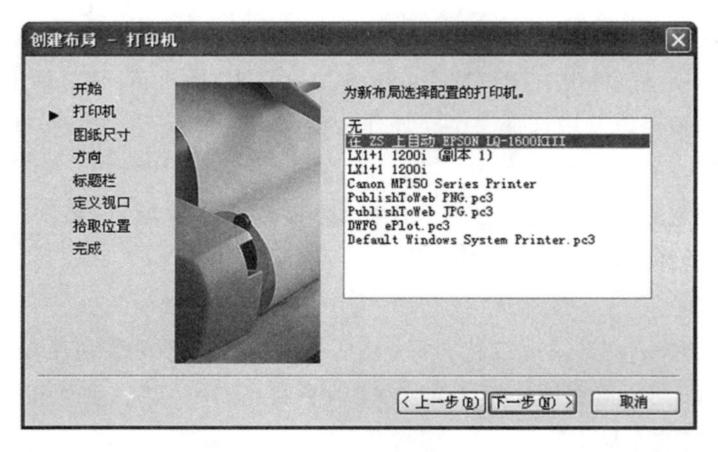

图 1.16 “创建布局—打印机”对话框

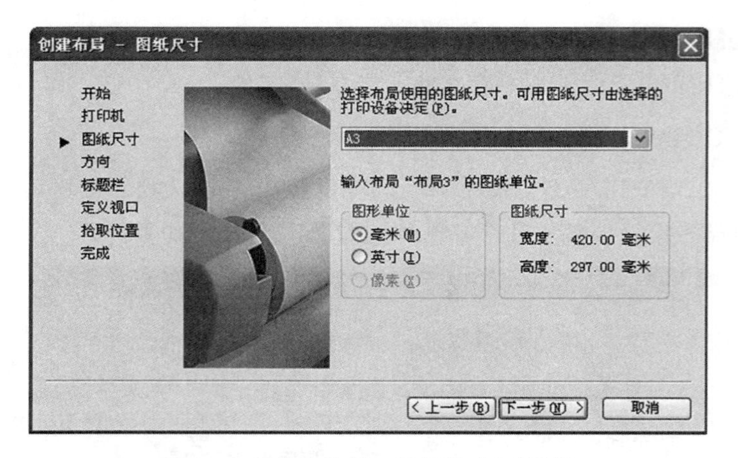

图 1.17 “创建布局—图纸尺寸”对话框

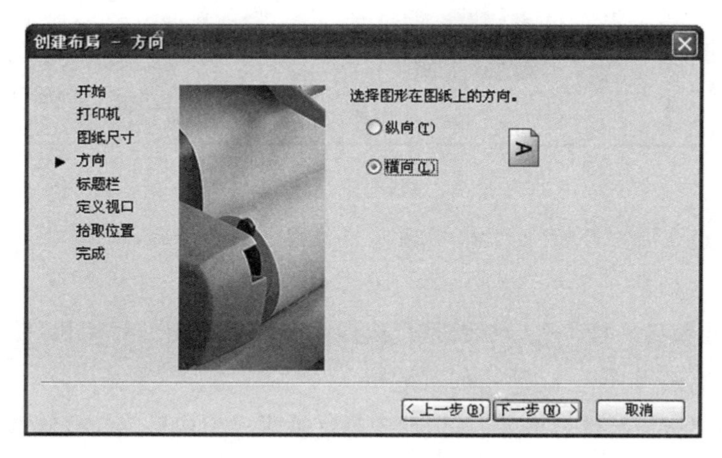

图 1.18 “创建布局—方向”对话框

(4)在“创建布局—方向”对话框中设置打印方向,单击“下一步”按钮,打开图 1.19 所示的对话框。

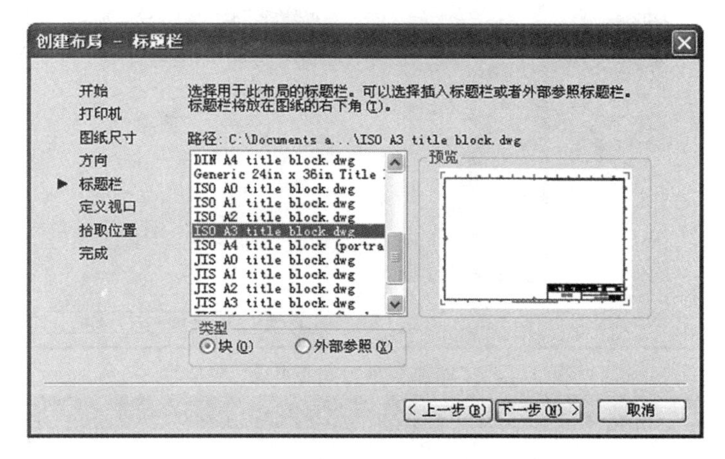

图 1.19 “创建布局—标题栏”对话框

(5)在“创建布局—标题栏”对话框中,可以选择图纸边框和标题。边框和标题其实是一个.dwt 格式的文件(保存在“Template”目录下),右侧的预览框中显示了相应的预览图形。“类型”栏的两个单选按钮用于指定.dwt 格式文件的插入类型——是按照块插入还是按照外部参照插入。设置完成后单击“下一步”按钮,打开图 1.20 所示的对话框。

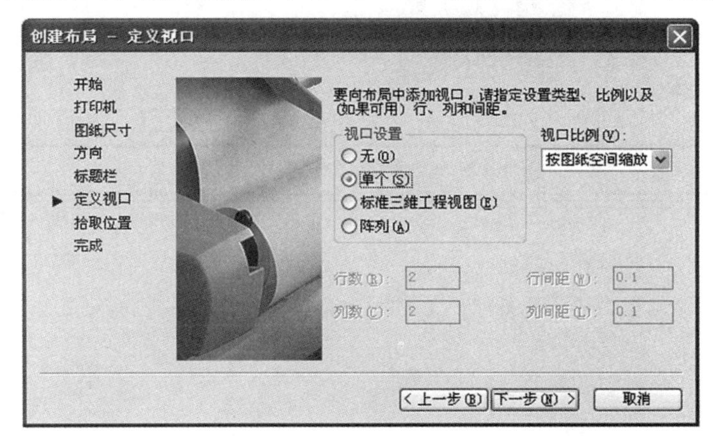

图 1.20 “创建布局—定义视口”对话框

(6)在“创建布局—定义视口”对话框中指定布局中视口设置和视口比例等有关参数,然后单击“下一步”按钮,打开图 1.21 所示的对话框。

(7)在“创建布局—拾取位置”对话框中,单击“选择位置”按钮设置浮动视口的位置和大小,如果不指定位置和大小,则 AutoCAD 默认充满整个图纸布局。设置完成后单击“下一步”按钮。

(8)按照上面的步骤设置布局以后,在“创建布局—完成”对话框(图 1.22)中,单击“完成”按钮,则创建了新的布局(图 1.23)。在每一步骤中,可以单击“上一步”按钮返回前面的对话框,以便重新设置有关参数。

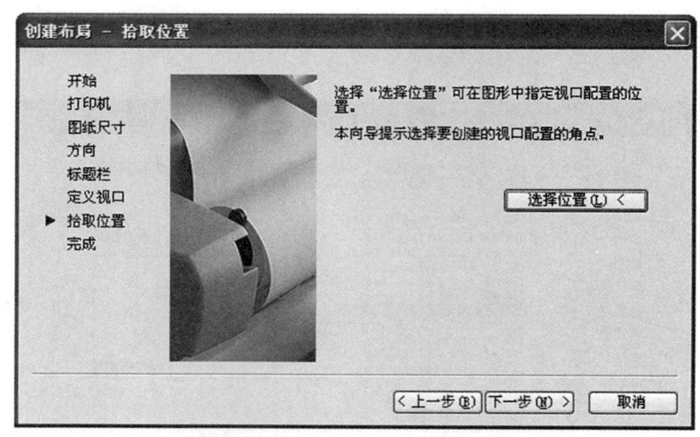

图 1.21 “创建布局－拾取位置”对话框

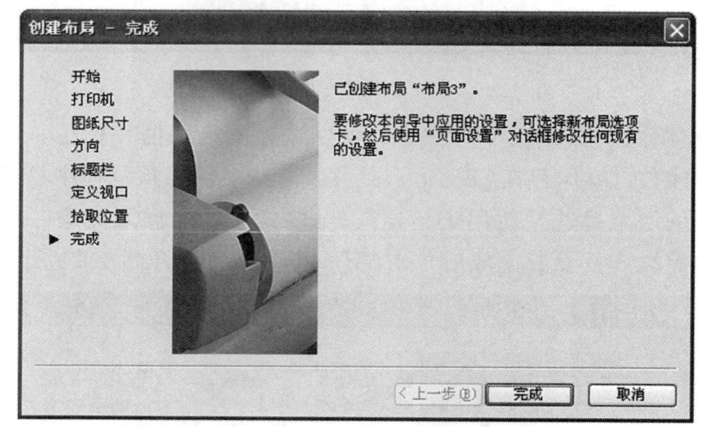

图 1.22 “创建布局－完成”对话框

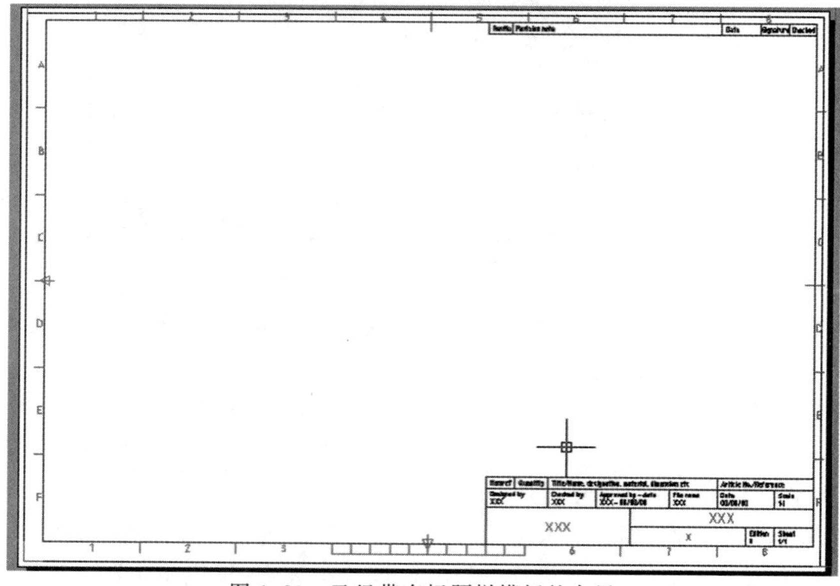

图 1.23 已经带有标题栏模板的布局

1.3.3 布局的页面设置

在默认条件下，当创建一个新的布局之后，第一次切换到该布局时，系统会显示出“页面设置—新布局名”对话框（如图 1.24 所示，此时新布局名为“布局 3”），在该对话框中可以设置布局对应的打印设备和其他参数。当然，用户也可以改变这种默认设置，只需清除对话框底部的“创建新布局时显示”单选按钮即可，使系统不再显示该对话框。

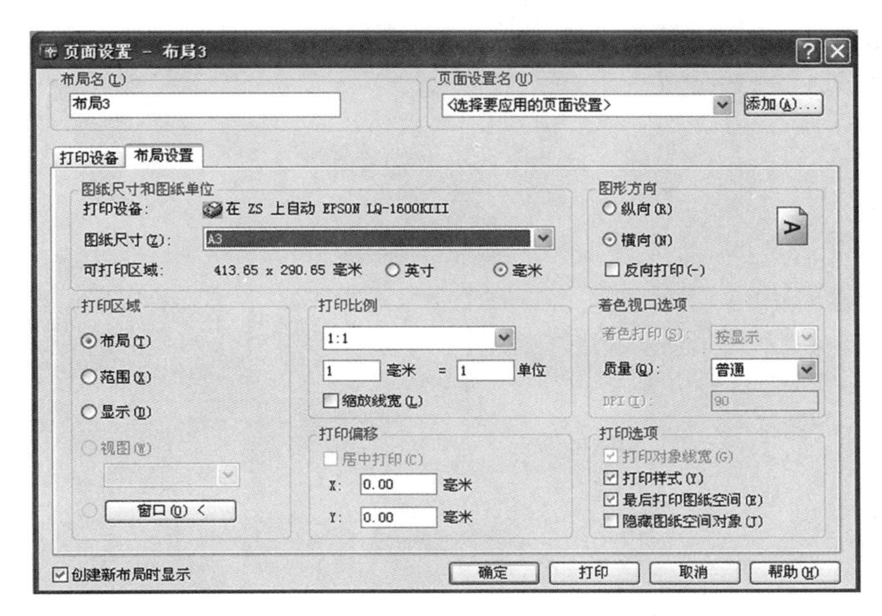

图 1.24 布局页面设置

在“页面设置—新布局名”对话框可以设置布局的有关选项，包括打印设备、布局设置（图纸尺寸和图纸单位）、打印区域、打印比例等。这样，不用实际打印就可以看到打印后的结果。这种精确的、所见即所得的预览功能省去了打印时反复调整的工作量，大大提高了制图效率。

提示：可以使用多种方法得到“页面设置”对话框。最简单的方法就是在当前布局的选项卡上单击鼠标右键，然后在弹出的快捷菜单中选择“页面设置”命令。其他参数设置详见本章 1.1 节、1.2 节的内容。

如果在打印出图时，不能正常打印出所需要的图线，可从以下几个方面进行检查：

(1)查看需要打印的图层是否被关闭(OFF)、冻结(FREEZE)和锁住(LOCK)。

(2)查看需要打印的图层上其打印机是否关闭，见符号。

(3)查看需要打印的图线是否绘制在定义点图层上。绘制在定义点图层上的所有图线将不被打印。

(4)检查完以上三步后，若仍然不能正常出图，还可以新建一张 CAD 图，把不能被正常打印视图上的所有图线及内容拷贝到新建图上，再进行打印，应该可以解决此问题。

第 2 章　高级应用技巧

❖ 学习目标

(1)掌握高级图形查询技巧。

(2)掌握 Excel、Word 与 AutoCAD 在建筑工程中的结合应用技巧。

(3)掌握图块和样板图的应用技巧。

❖ 本章重点

各种图形的长度、面积、特征点坐标、体积等的查询技巧;利用 Excel 在 AutoCAD 中插入工程数量表、在 Word 中插入 AutoCAD 图形等技巧;模板图块的使用技巧。

❖ 本章难点

准确查询图形坐标、长度、面积的方法;Excel 表格插入 AutoCAD 的方式和后续修改;图块的高级应用技巧;在样板图中加入布局的方法。

2.1　高级图形查询

打开下拉菜单“工具”→“查询”→“……”,如图 2.1 所示,可以进行距离、面积、面域/质量特性、列表显示、点坐标、时间、状态、设置变量的查询。

【例 2.1】 查询图 2.2 所示长方体的图形信息。

(1)坐标查询。

查询图 2.2 所示长方体的 *A* 点坐标。单击下拉菜单“工具”→“查询”→“点坐标”选项,交叉区命令执行过程如下:

命令:ID↙

指定点:(鼠标左键单击图 2.2 中的 *A* 点)

X = －427.1056　　Y = 2261.2848　　Z = 0.0000　(显示三维坐标值)

(2)长度查询。

查询图 2.2 所示长方体的 *AB* 边长度。单击下拉菜单“工具”→“查询”→“点坐标”选项,交叉区命令执行过程如下:

命令:DIST↙

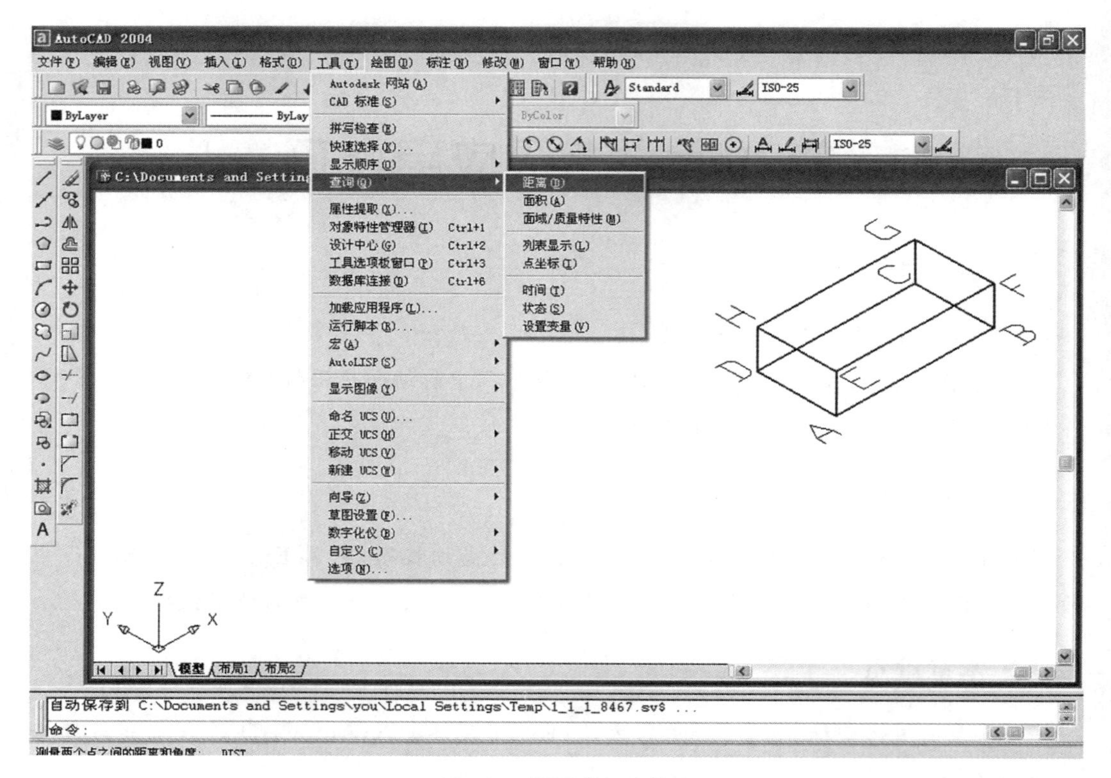

图 2.1　图形高级查询

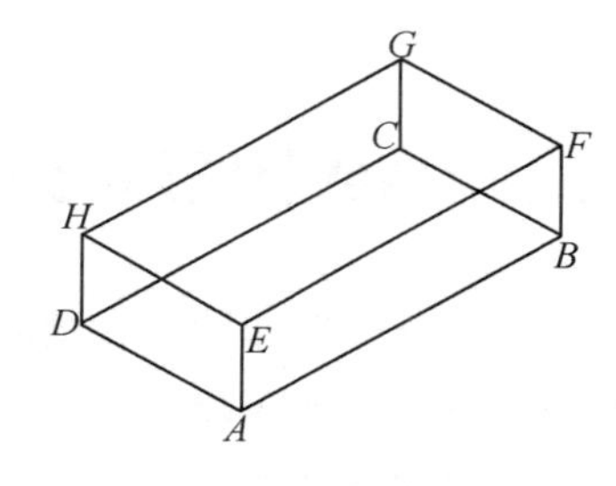

图 2.2　长方体信息查询

指定第一点:(鼠标左键单击图 2.2 中的 A 点)

指定第二点:(鼠标左键单击图 2.2 中的 B 点)

距离=200.0000,XY 平面中的倾角=0,与 XY 平面的夹角=0

X 增量=200.0000,Y 增量=0.0000,Z 增量=0.0000

(3)面积查询。

查询图 2.2 所示长方体的 $EFGH$ 面的面积。首先设置对象捕捉为捕捉“端点”,并打开对象捕捉状态,然后单击下拉菜单“工具”→“查询”→“面积”选项,交叉区命令执行过程如下:

命令: AREA↙

指定第一个角点或[对象(O)/加(A)/减(S)]:(鼠标左键单击图 2.2 中的 E 点)

指定下一个角点或按 ENTER 键全选：(鼠标左键单击图 2.2 中的 F 点)

指定下一个角点或按 ENTER 键全选：(鼠标左键单击图 2.2 中的 G 点)

指定下一个角点或按 ENTER 键全选：(鼠标左键单击图 2.2 中的 H 点)

指定下一个角点或按 ENTER 键全选：↙

面积 = 20000.0000，周长 = 600.0000

(4)体积等信息查询。

查询图 2.2 所示长方体的体积等信息。单击下拉菜单“工具”→“查询”→“面域”→“质量特性”选项，交互区命令执行过程如下：

命令：MASSPROP↙

选择对象：(鼠标左键单击图 2.2 中的任一条棱)找到 1 个

选择对象：↙

—————————————————— 实体 ——————————————————

质量： 1000000.0000

体积： 1000000.0000

边界框： X：−427.1056 —— −227.1056

Y：2261.2848 —— 2361.2848

Z：0.0000 —— 50.0000

质心： X：−327.1056

Y：2311.2848

Z：25.0000

惯性矩： X：5.3437E+12

Y：1.1116E+11

Z：5.4532E+12

惯性积： XY：−7.5603E+11

YZ：57782120133.3638

ZX：−8177638943.0819

旋转半径： X：2311.6453

Y：333.4137

Z：2335.2092

主力矩与质心的 X—Y—Z 方向：

I：1041666666.6660 沿 [1.0000 0.0000 0.0000]

J：3541666666.6664 沿 [0.0000 1.0000 0.0000]

K：4166666666.6664 沿 [0.0000 0.0000 1.0000]

注意：

①MASSPROP 查询命令对求非规则圆形的体积和质心等信息非常有用。

②以上查询除可以用输入命令的方式完成外，也可把光标置于任一工具条上，单击右键，选取查询工具条，即得图 2.3。在查询距离、面积、面域/质量特性时，直接点取相应的图标即可。

图 2.3　查询工具条

2.2　Excel、Word 与 AutoCAD 在建筑工程中的结合应用

2.2.1　工程数量的统计与表格绘制

AutoCAD 尽管有强大的图形绘制功能，但表格处理功能相对较弱，而实际工作中往往需要在 AutoCAD 中制作各种表格（工程数量表等）。如建筑结构施工图中的钢筋统计表，不仅要对单个构件进行统计，还要对整个工程所用钢筋量进行汇总，所以在绘制图样中插入表格是工程绘图中不可缺少的过程。如何高效制作表格，是一个很实际的问题。

在 AutoCAD 环境下用手工画线方法绘制表格，然后再在表格中填写文字，不但效率低下，而且很难精确控制文字的书写位置，难以进行文字排版。相对来说，Excel 的表格制作功能是十分强大的，因此我们可以在 Excel 中制表及统计，然后将表格放入 AutoCAD 中。

【例 2.2】　绘制图 2.4 的钢筋统计表。

其具体绘制步骤如下：

(1)在 Excel 中输入和计算，完成图 2.5 所示表格。

E4　=　4340

	A	B	C	D	E	F	G	H	I
1	钢筋统计表								
2	构件名称	构件数	钢筋编号	钢筋规格	长度/mm	每件根数	总根数	单件重量/kg	总重量/kg
3	L-1	5	1	Φ14	3630	2	10	8.78	43.9
4			2	Φ14	4340	1	5	5.25	26.25
5			3	Φ10	3580	2	10	4.42	22.1
6			4	Φ6	920	25	125	5.11	25.55
7			钢筋总重					23.56	117.8

图 2.4　钢筋统计表原始数据

(2)在 AutoCAD 中的菜单条中选择“编辑”下的“选择性粘贴”选项，选择 AutoCAD 图元(图 2.6)，剪贴板上的表格即转化为 AutoCAD 实体，粘贴完 Excel 表格后的 CAD 图如图 2.7 所示。

从图 2.7 可以看出，表格横线和竖线在端部未完全对齐，在 AutoCAD 中可用修剪命

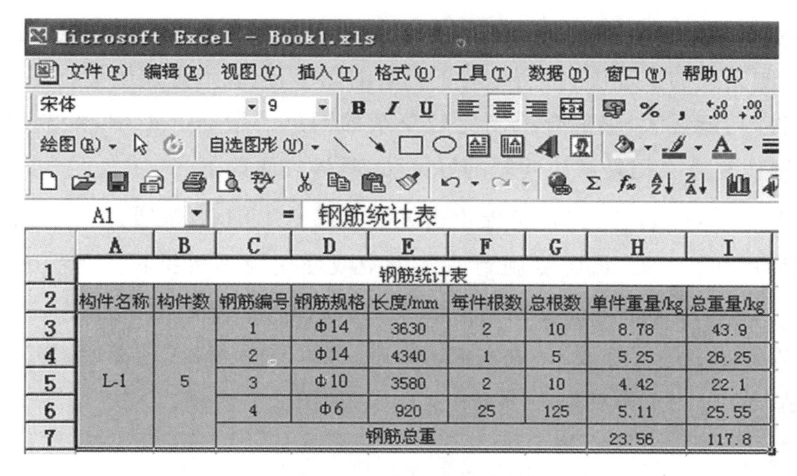

钢筋统计表								
构件名称	构件数	钢筋编号	钢筋规格	长度/mm	每件根数	总根数	单件重量/kg	总重量/kg
L-1	5	1	Φ14	3630	2	10	8.78	43.9
		2	Φ14	4340	1	5	5.25	26.25
		3	Φ10	3580	2	10	4.42	22.1
		4	Φ6	920	25	125	5.11	25.55
		钢筋总重					23.56	117.8

图 2.5　在 Excel 中计算完成的统计表

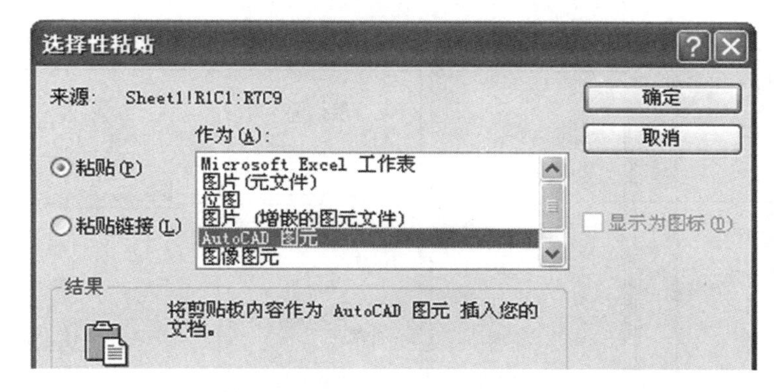

图 2.6　选择 AutoCAD 图元粘贴

钢筋统计表								
构件名称	构件数	钢筋编号	钢筋规格	长度/mm	每件根数	总根数	单件重量/kg	总重量/kg
L-1	5	1	Φ14	3630	2	10	8.78	43.9
		2	Φ14	4340	1	5	5.25	26.25
		3	Φ10	3580	2	10	4.42	22.1
		4	Φ6	920	25	125	5.11	25.55
		钢筋总重					23.56	117.8

图 2.7　粘贴完 Excel 表格后的 CAD 图

令等对其进行必要的编辑。当然，工程中或其他行业有许多符号在 Excel 中很难输入，在表格转化成 AutoCAD 实体后应进行检查核对，可以在 AutoCAD 中输入相应的符号。

2.2.2　在 Word 文档中插入 AutoCAD 图形

Word 软件有出色的图文并排方式，可以把各种图形插入所编辑的文档中，这样不但能使文档的版面丰富，而且能使所传递的信息更准确。但是，Word 本身绘制图形的能力有限，难以绘制正式的工程图，特别是对于复杂的图形，该缺点更加明显。AutoCAD 是专业的绘图软件，功能强大，很适合绘制比较复杂的图形。用 AutoCAD 绘制好图形，然后插入 Word 制作复合文档是解决问题的好办法，具体方法如下。

如图 2.8 所示，在 AutoCAD 中先单击标准工具条上的按钮，然后框选图形；也可先选取图形后用“Ctrl＋C”将图复制到剪贴板中或使用计算机键盘上的“PrtScrn”键(抓图键)将 AutoCAD 的图形界面复制到剪贴板中(该种方法复制的图形是一个图片，图形内容不能在 Word 中进行修改)。进入 Word 中，用“Ctrl＋V”或选择“编辑”下的“粘贴”“选择性粘贴”选项，图形则粘贴在 Word 文档中，如图 2.9 所示。

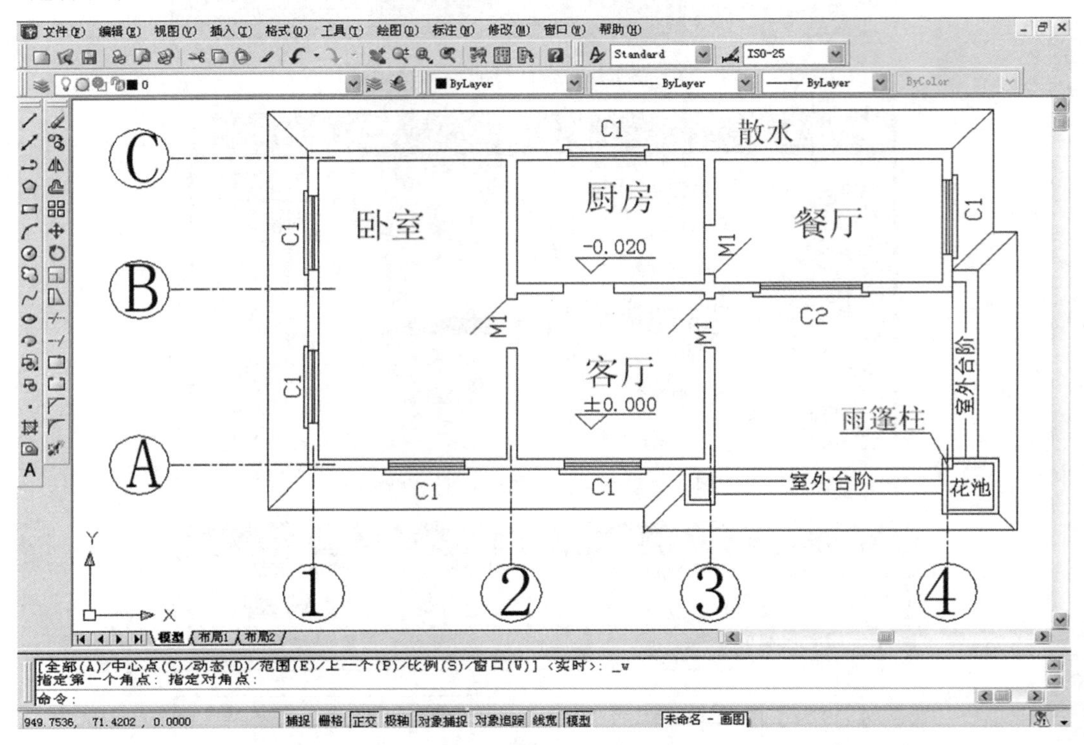

图 2.8　在 CAD 中的图

显然，图 2.9 中插入 Word 文档中的图空边过大，效果不理想。可利用 Word“图片”工具栏上的裁剪功能进行修整：单击图形，在图形上下左右出现 8 个四方形黑点。单击鼠标右键，在出现快捷菜单条的同时，屏幕上弹出图 2.10 所示的“图片”工具栏。

单击“图片”工具栏上的按钮，将鼠标移至黑点处，按住鼠标左键，出现拖动符号“T”后即可拖动鼠标对图形中的空边区域进行修整。修整空边后的图如图 2.11 所示。

注意：由于 AutoCAD 默认背景颜色为黑色，而 Word 的背景颜色为白色，所以在复制图形时，应将 AutoCAD 的图形背景颜色改为白色。

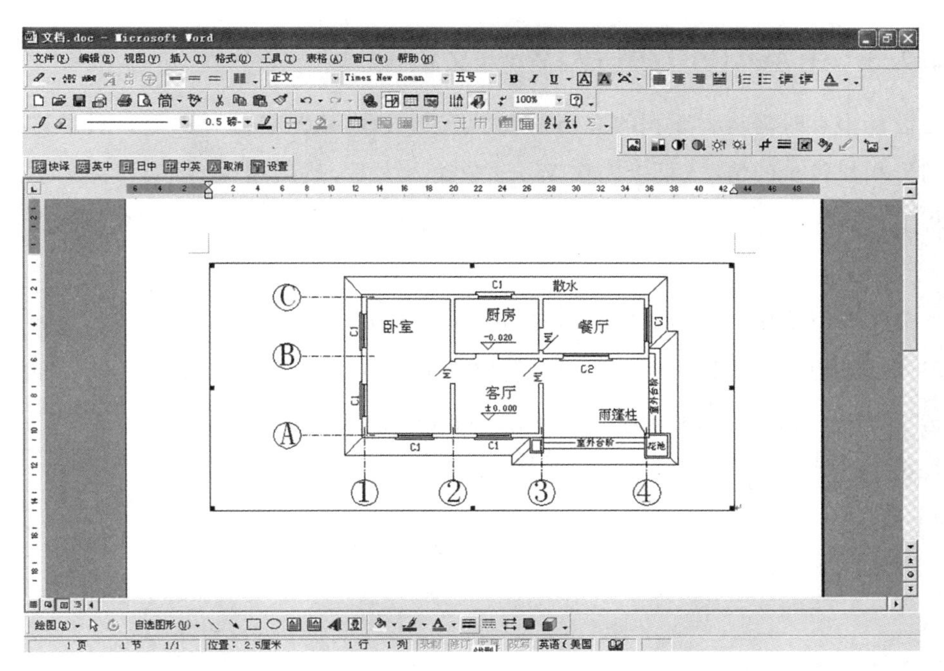

图 2.9　在 Word 文档中的图

图 2.10　“图片”工具栏

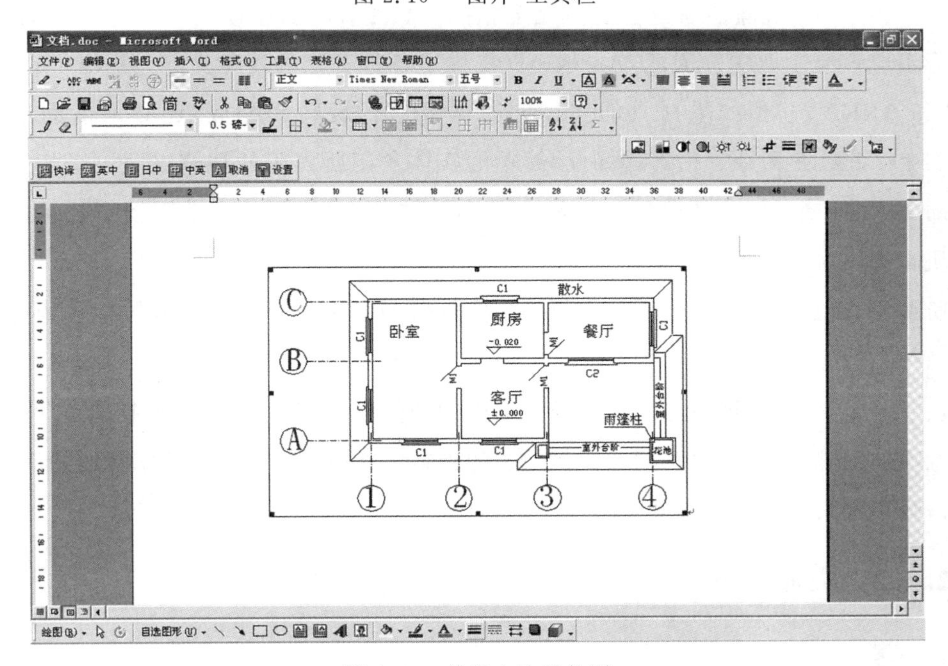

图 2.11　修整空边后的图

2.2.3 在 AutoCAD 中插入 Word 文档

在设计中有时需将大面积的文档调入图形中，如设计图样总说明等。对于这种文字多而图形相对较少的情况，可以先在 Word 中输入文字，然后用“Crtl＋C”将文字拷贝到剪贴板上；再进入 AutoCAD，启动多行文字 MTEXT 命令，用“Crtl＋V”复制到文字输入框中。

本节仅介绍了作者认为比较简捷的一种操作方法，还有许多其他的方法，读者可以自行练习。如果用户需要将所绘图形以“图片”格式应用，可以用 AutoCAD 提供的“输出”菜单选项，先将 AutoCAD 图形以.bmp 或.wmf 等格式输出，然后以来自文件的方式插入 Word 文档即可。

2.3 块的应用

2.3.1 块的概念

在一个图形中，所有的图形实体均可用绘图命令逐一绘制出来。如果需要绘制许多重复或相似的单个实体或一组实体，最基础的方法是重复绘制这些实体，但这样做不仅乏味、费时，而且不一定能保证这些实体完全相同。利用计算机绘图的一个基本原则：同样的图形不应该绘制两次。因此，AutoCAD 提供了各种各样的复制命令，如 COPY、MIRROR 和 ARRAY。但如果拷贝的实体同时需要进行旋转和缩放，还必须借助于 ROTATE 和 SCALE 命令。但即使如此，简单的实体复制所占用的存储空间也是相当可观的。那么，如何使一组实体既能以不同比例和旋转角进行复制，又占用较少的存储空间呢？块是解决上述矛盾的一个途径。

所谓块，就是存储在图形文件中仅供本图形使用的由一个或一组实体构成的独立实体。

块一经定义，用户即可在定义块的图形中的任何位置，以任何比例和旋转角度将其插入任意次。图 2.12 表示以不同的比例因子和旋转角度插入图形中的八字翼墙断面图块。左上角为块定义的原始图形。

2.3.2 块定义的组成

1. 块名

块为用户自行定义的有名实体，以块名作为唯一的识别方式。块名最长不超过 31 个

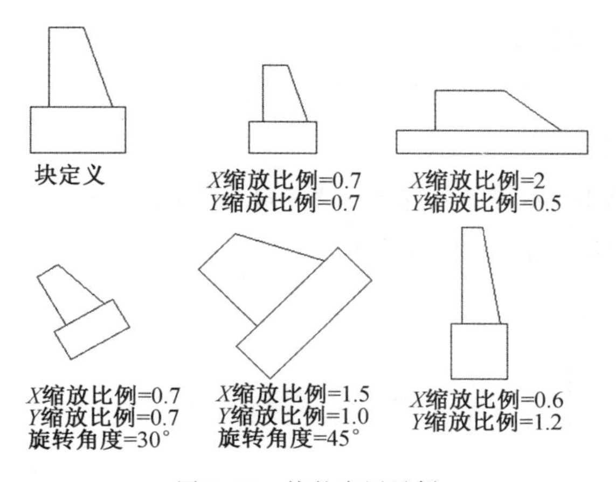

图 2.12　块的应用示例

字符，可由汉字、字母、数字和专用字符“＄”、半字线“－”和下划线“_”等构成。最好根据块的内容或用途对块命名，以便顾名思义。

2. 组成块的实体

块是一种复杂实体，组成它的实体常称为子实体。定义块时，系统要求用户指定块中包含哪些子实体，这些子实体在定义块时需要先行绘制。

3. 块的插入基点

把一组子实体定义为块，目的是在本图中使用。插入一个块时，需要在图形中指定一点，作为块的定位点（兼缩放中心和旋转中心），该点称块的插入点。那么，定义块上的哪一点作为插入点呢？这就是在定义块时需要指定的块上的一点，即所谓的插入基点。

注意：插入基点只是块定义的组成部分，而不是点实体。

2.3.3　块定义的命令

对现有块重新进行定义是对图形进行编辑的强有力方法。如果用户定义了一个块，并在当前图形中进行了多次插入，后来发现所有插入块中的实体绘制错误或位置不正确，则用户可以使用分解命令把其中一个插入块炸开，修改块属实体或重新指定插入基点，然后使用原块名对该块重新定义。块定义的修改会引发当前图形的再生，使得当前图形中该块的所有插入块根据新的块定义自动进行更新。

块定义的命令可以采用 BMAKE 或 BLOCK，二者均采用对话框的形式定义块。现就 BLOCK 命令定义块的过程予以介绍（需要定义的块如图 2.13 所示，插入后如图 2.14 所示）。

命令:BLOCK(显示图2.15(a)所示的对话框后,输入名称“YQ—1”)

选择对象:(用鼠标左键拾取图2.13中的梯形和矩形)

选择对象:

指定插入基点:MID(指定插入基点为图2.13中矩形下边的中点,对话框如图2.15(b)所示,选择“确定”按钮完成块的定义)

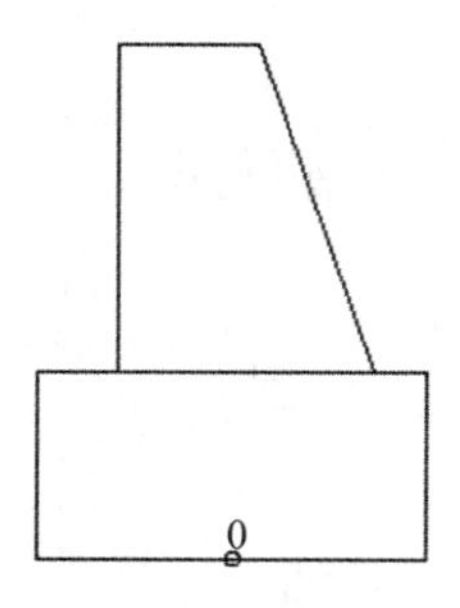

图2.13　需定义的块

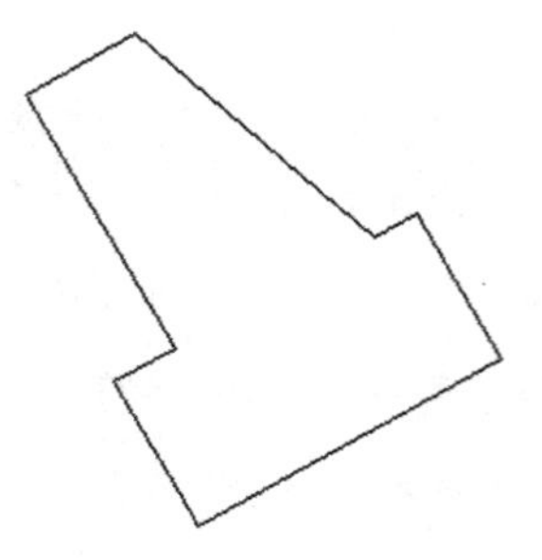

图2.14　插入块

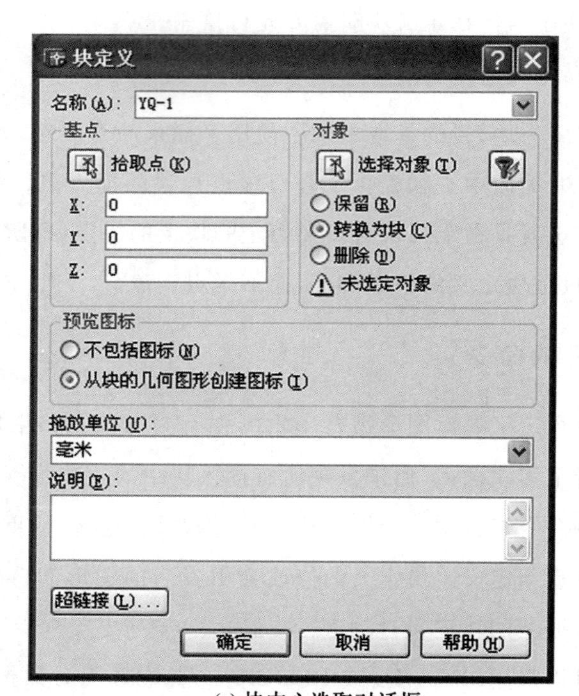

(a)块中心选取对话框

图2.15　“块定义”对话框

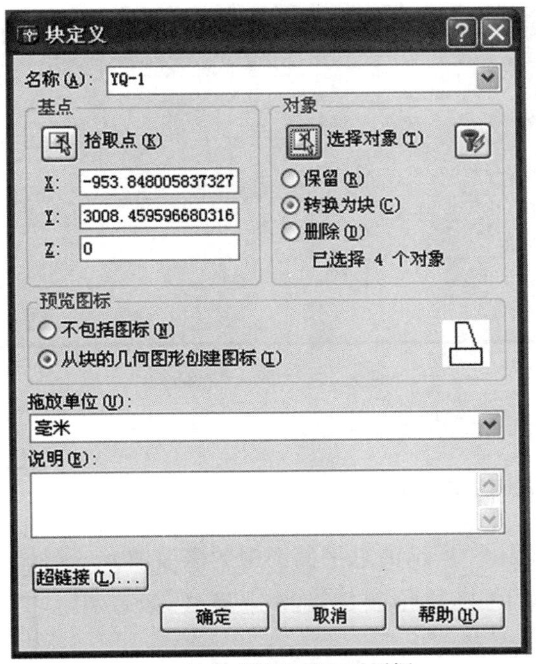

(b) 块非中心选取对话框

续图 2.15

注意:尽管块定义本身存储在图形中,但并不是图形中的实体,必须使用 INSERT 命令将块插入图形中才能产生块实体。

2.3.4 块的插入

使用 INSERT 或 DDINSERT 命令,可以把已定义的块或外部图形文件插入当前图形中。当把一个外部图形插入当前图形中时,AutoCAD 先从磁盘上将外部图形装入当前图形文件,再把它定义成当前图形的一个块,然后再把该块插入图形中,即同时完成外部图形文件的块定义和块插入。

在插入块或图形时,用户需要指明插入块的块名、块插入的位置(插入点)、块插入的比例因子和块插入的旋转角度。

现以 INSERT 命令为例介绍块的插入操作。在命令行输入 INSERT 命令,按下面提示完成块的插入操作。

命令:INSERT(出现如图 2.16 所示的对话框,输入旋转角度值 30,比例因子不变)

执行得到图 2.16。

2.3.5 块的修改

当插入的图块不能完全符合要求而需要修改时,应该使用 EXPLODE 命令炸开,使其成为下一级图元文件才可以修改。如果图块有嵌套,即图块中有图块,有时不能一次全

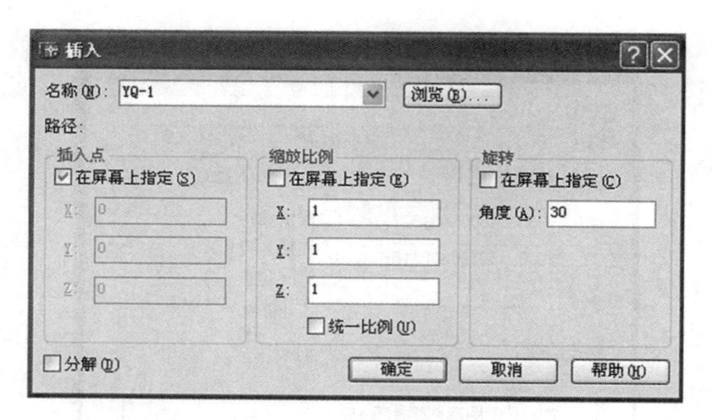

图 2.16 “插入”对话框

部炸开，还需要在局部进行二次炸开操作。

2.3.6 利用块绘制围墙图例

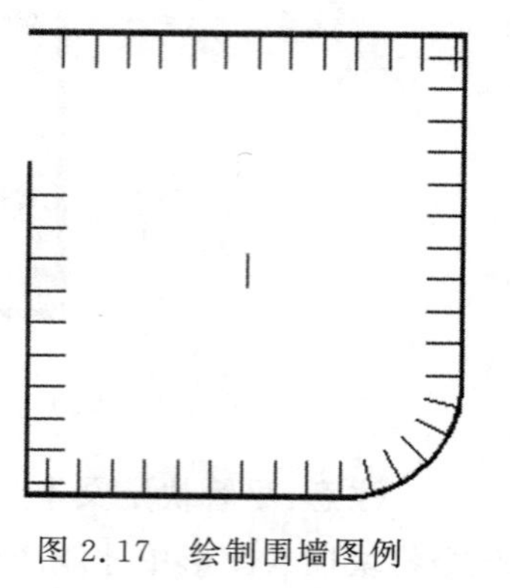

图 2.17 绘制围墙图例

【例 2.3】 绘制图 2.17 所示的总平面图中的围墙图例。

(1)利用 LINE 或 PLINE 绘制围墙的边界线；若使用 LINE 绘制，则要转换为多段线。

(2)绘制一定长度的竖直线。

(3)定义图 2.17 中部的竖直线为图块，图块名为“Y1”，基点为其下端。

(4)输入命令如下：

命令：DIVIDE(定数等分)或 MEASURE(定距等分)↙

选择要定数等分的对象：(用鼠标左键拾取图 2.17 中的围墙边界线)

输入要插入的数目或[块(B)]：B↙(选择图块模式)

输入要插入的块名：Y1↙(输入图块名“Y1”)

是否对齐块和对象？[是(Y)/否(N)]<Y>：↙(保持图块与插入的位置相垂直)

输入线段数目：50↙(围墙边界线的分段个数，分为 50 段，结果如图 2.17 所示)

2.4 AutoCAD 命令集

(1)一级快捷键(英文字母顺序)：

A：绘圆弧

B：定义块

C：画圆

D：尺寸资源管理器

E：删除

F：倒圆角

G：对象组合

H：填充

I：插入

S：拉伸

T：文本输入

W：定义块并保存到硬盘中

M：移动

X：炸开

V：设置当前坐标

U：恢复上一次操作

O：偏移

P：移动

Z：缩放

(2)二级快捷键：

AA：测量区域和周长(area)

AL：对齐(align)

AR：阵列(array)

AP：加载 * lsp 程序

AV：打开视图对话框

SE：打开对象自动捕捉对话框

ST：打开字体设置对话框

SO：绘制二维面(2d solid)

SP：拼音的校核(spell)

SC：缩放比例 (scale)

SN：栅格捕捉模式设置(snap)

DT：文本的设置(dtext)

DI：测量两点间的距离

OI：插入外部对象

3A：三维阵列

3F：画石头线

3P：整体线段

BH：边界填充

BO：创建边界

BR：打断

CH：特性面板

CO(CP)：复制

DC：设计中心

DI：量距离

DO：实圆环

DR：显示顺序

DS：草图设计

DT：文字输入器

DV：相机

DLI：DIMLINEAR(直线标注)

DAL：DIMALIGNED(对齐标注)

DRA：DIMRADIUS(半径标注)

DDI：DIMDIAMETER(直径标注)

DAN：DIMANGULAR(角度标注)

DCE：DIMCENTER(中心标注)

DOR：DIMORDINATE(点标注)

ED：文字修改

EL：椭圆

EX：延伸

HE：填充修改

HI(CTRL+Z)：重新生成

ME：定距等分

MI：镜像

MA：格式刷

ML：双线

MO：特性

MT：文字格式

PL：多段线

RE：重新生成

RO：旋转

RR：渲染

SC：比例缩放

ST：文字样式

TB：插入表格
TR：剪切
XL：构造线
(3)三级快捷键：
CHA：倒直角
DAL：斜线标注
DAN：角度标注
DBA：层级标注
DCE：标注圆心
DCO：连续标注
DDI：直径标注
DED：编辑标注
DIV：定数等分
DLI：直线标注
DRA：半径标注
LE：快速引线
LEN：延长
POL：多边形
REG：创面域
SPL：样条曲线
F1：获取帮助
F2：实现作图窗和文本窗口的切换
F3：控制是否实现对象自动捕捉
F4：数字化仪控制
F5：等轴测平面切换
F6：控制状态行上坐标的显示方式
F7：栅格显示模式控制
F8：正交模式控制
F9：栅格捕捉模式控制
F10：极轴模式控制
F11：对象追踪模式控制
ALT＋F8：宏
ALT＋F11：打开 VISUAL BASIC 编辑器
CTRL＋A：全部选择

CTRL＋B：栅格捕捉模式控制(F9)

CTRL＋C：将选择的对象复制到剪切板上

CTRL＋F：控制是否实现对象自动捕捉(F3)

CTRL＋G：栅格显示模式控制(F7)

CTRL＋J：重复执行上一步命令

CTRL＋K：超级链接

CTRL＋N：新建图形文件

CTRL＋M：打开选项对话框

CTRL＋0：清除屏幕

CTRL＋1：打开特性对话框

CTRL＋2：打开图像资源管理器

CTRL＋3：打开工具选项板

CTRL＋6：打开数据库连接

CTRL＋O：打开图像文件

CTRL＋P：打开打印对话框

CTRL＋S：保存文件

CTRL＋U：极轴模式控制(F10)

CTRL＋V：粘贴剪贴板上的内容

CTRL＋W：对象追踪式控制(F11)

CTRL＋X：剪切所选择的内容

CTRL＋Y：重做

CTRL＋Z：取消上一个操作

第二篇　试题演练

项目一　试卷A:“建筑工程识图”试卷(150分)

※※※※※※※※※※※※※※※※※※※※※※※※※※※※※※※※※※※※※※

答题须知:

1. 请根据提供的工程建筑施工图集、工程结构施工图集回答以下问题。

2. 本试卷共6页。

※※※※※※※※※※※※※※※※※※※※※※※※※※※※※※※※※※※※※※

一、单项选择题(1~54题,每题2.5分,共计135分)

1. 关于本工程散水做法,下列说法中正确的是(　　)。

A. 详西南11J812第3页1a大样　　B. 详西南11J812第4页2大样

C. 详西南11J812第1a页3大样　　D. 详西南11J812第2页4大样

2. 本工程二层平面图中卫生间建筑完成面标高为(　　)。

A. 4.500 m　　B. −0.020 m

C. 4.480 m　　D. 4.000 m

3. 本工程二层平面图中5轴线/C−D轴线处空调室外机搁板宽度为(　　)。

A. 550 mm　　B. 650 mm

C. 700 mm　　D. 750 mm

4. 本工程二层平面图中3轴线/C轴线处D1表示的含义为(　　)。

A. 空调预留孔　　B. 排气预留孔

C. 排水预留孔　　D. 无法确定

5. 本工程的建筑高度为(　　)。

A. 12.000 m　　B. 12.600 m

C. 8.700 m　　D. 12.300 m

6. 本工程二层平面图中工具间的净高为(　　)。

A. 4.200 m　　　　B. 4.000 m

C. 3.600 m　　　　D. 3.900 m

7. 本工程墙体砌筑所采用的砂浆为(　　)。

A. MU5 水泥砂浆　　　　B. M5 混合砂浆

C. M5 水泥砂浆　　　　D. MU5 混合砂浆

8. 本工程关于墙体防潮中水平防潮层设置位置说法正确的是(　　)。

A. 室内地坪以下 60 mm 处　　　　B. 室内地坪以下 100 mm 处

C. 室内地坪以下 300 mm 处　　　　D. 不设置水平防潮层

9. 本工程框架填充墙与框架柱之间以拉结钢筋连接,其中拉结钢筋沿竖向间距(　　)设置。

A. 1 000 mm　　　　B. 500 mm

C. 600 mm　　　　D. 800 mm

10. 本工程正负零以上卫生间及有水房间内隔墙 1.5 m 以下采用的砌体材料为(　　)。

A. 加气混凝土砌块　　　　B. 素混凝土

C. 烧结页岩实心砖　　　　D. 烧结页岩空心砖

11. 本工程标高 8.700 处上人屋面女儿墙压顶截面尺寸为(　　)。

A. 250 mm×100 mm　　　　B. 250 mm×120 mm

C. 200 mm×100 mm　　　　D. 200 mm×120 mm

12. 本工程外墙采用 1∶3 水泥砂浆打底,其中 1∶3 水泥砂浆的含义是(　　)。

A. 1 份水泥 3 份水　　　　B. 1 份水 3 份砂

C. 1 份砂 3 份水泥　　　　D. 1 份水泥 3 份砂

13. 本工程在不同材质的墙体交接处做饰面前加钉宽 300 mm、厚 0.9 mm 的 9×25 孔铁丝网,外墙在梁面与梁底挂 250 mm 宽、厚 0.9 mm 的 9×25 孔铁丝网,其目的是(　　)。

A. 防止两种材料拼接处潮气渗入　　　　B. 防止两种材料伸缩率不一致产生裂缝

C. 增加强度　　　　D. 增加墙体的保温性能

14. 本工程入口处室外地面混凝土垫层的厚度为(　　)。

A. 100 mm　　　　B. 30 mm

C. 120 mm　　　　D. 无法确定

15. 本工程母婴室地面面层采用(　　)。

A. 花岗石地砖　　　　B. 木地板

C. 防滑地砖　　　　D. 水泥地面

16. 本工程楼梯 2 第二层至第三层楼梯步数为(　　)。

A. 26 步　　　　B. 14 步

C. 28 步　　　　D. 13 步

17. 本工程楼梯梯段形式为(　　)。

A. 梁式梯段　　　　B. 板式梯段

C. 悬臂式楼梯　　D. 无法确定

18. 本工程楼梯1标高3.054处休息平台宽度为(　　)。

A. 1 250 mm　　B. 1 350 mm

C. 1 360 mm　　D. 1 280 mm

19. 本工程楼梯梯段处栏杆扶手的高度为(　　)。

A. 1 050 mm　　B. 900 mm

C. 1 100 mm　　D. 600 mm

20. 本工程残疾人卫生间处无障碍坡道坡度为(　　)。

A. 1%　　B. 0.5%

C. 7.1%　　D. 无法确定

21. 本工程窗楣雨棚板排水坡度为(　　)。

A. 2%　　B. 1%

C. 0.5%　　D. 无法确定

22. 本工程屋面的防水等级为Ⅱ级,设(　　)防水层。

A. 一道　　B. 两道

C. 三道　　D. 四道

23. 本工程屋面排水中,女儿墙与屋面形成的内排水沟排水坡度为(　　)。

A. 2%　　B. 1%

C. 0.5%　　D. 无法确定

24. 本工程建筑耐火等级为(　　)。

A. 一级　　B. 二级

C. 三级　　D. 无法确定

25. 本工程屋面女儿墙处泛水高度为(　　)。

A. 200 mm　　B. 300 mm

C. 310 mm　　D. 250 mm

26. 本工程屋二层C轴线窗C3518窗台高度为(　　)。

A. 1 500 mm　　B. 900 mm

C. 1 100 mm　　D. 无法确定

27. 下列关于窗C0618最下部窗扇说法正确的是(　　)。

A. 上旋开启　　B. 下旋开启

C. 平开　　D. 固定窗

28. 本工程中门M0822数量为(　　)。

A. 10　　B. 11　　C. 12　　D. 13

29. 本工程玻璃窗玻璃未特殊说明均为5+12A+5厚双钢化中空玻璃,玻璃中空间距为(　　)。

A. 5 mm　　B. 12 mm　　C. 10 mm　　D. 无法确定

30. 本工程一层C轴线门M4036形式为(　　)。

A. 套装木门　　B. 铝合金玻璃推拉门

C. 防火套装门　　D. 蝴蝶型卷帘门

31. 本工程构造柱、压顶、砌体墙中混凝土带混凝土等级为(　　)。

A. C30　　B. C25　　C. C20　　D. 无法确定

32. 本工程卫生间内梁钢筋保护层厚度为(　　)。

A. 15 mm　　B. 20 mm

C. 25 mm　　D. 无法确定

33. 本工程框架柱纵筋直径≥(　　)时采用机械连接接头。

A. 22 mm　　B. 20 mm

C. 25 mm　　D. 无法确定

34. 本工程板受力钢筋级别为(　　)。

A. HPB300　　B. HRB335

C. HRB400　　D. HRB500

35. 当本工程卫生间结构板预留直径 150 mm 洞口时,下列说法正确的是(　　)。

A. 板钢筋在洞口处截断　　B. 洞口四周加设加强钢筋

C. 洞口四周加暗梁　　D. 板钢筋绕过洞口且不得截断

36. 本工程框架梁抗震等级为(　　)。

A. 一级　　B. 二级

C. 三级　　D. 四级

37. 本工程楼梯休息平台板厚度为(　　)。

A. 80 mm　　B. 100 mm

C. 120 mm　　D. 150 mm

38. 本工程二层空调室外机搁置板受力钢筋为(　　)。

A. C8@100　　B. C8@150

C. C8@180　　D. C8@200

39. 下列关于板平面配筋图中所标注的负弯矩钢筋长度说法正确的是(　　)。

A. 标注长度为整个负弯矩钢筋长度

B. 标注长度为从梁中线算起伸入板内的长度

C. 标注长度为从梁边算起伸入板内的长度

D. 以上说法都不正确

40. 屋面层板厚度为(　　)。

A. 80 mm　　B. 100 mm

C. 120 mm　　D. 150 mm

41. 屋面层板平面配筋图中 4—5 轴线/A—C 轴线板 X 方向左支座负弯矩钢筋配筋值为(　　)。

A. C8@100　　B. C8@150

C. C8@180　　D. C8@200

42. 梁内封闭式箍筋弯钩角度为(　　)。

A. 45°　　B. 90°

C. 135°　　D. 180°

43. 本工程二层梁平面配筋图中 KL6(4B)抗扭钢筋 N4ϕ12 之间的拉筋直径为(　　)。

A. 6 mm　　B. 8 mm

C. 10 mm　　D. 12 mm

44. 本工程屋面层梁平面配筋图中 WKL1(1)右支座箍筋加密区范围为(　　)。

A. 从柱边算起 500　　B. 从轴线算起 500

C. 从柱边算起 600　　D. 从轴线算起 600

45. 下列关于主、次梁高度相同时钢筋放置描述正确的一项是(　　)。

A. 次梁下部纵筋置于主梁下部纵筋之下

B. 次梁下部纵筋置于主梁下部纵筋之上

C. 次梁下部纵筋截断

D. 主梁下部纵筋截断

46. 二层梁平面配筋图中 KL7(4)第一跨主次梁相交处吊筋数量及直径为(　　)。

A. 2C12　　B. 2C14　　C. 2C16　　D. 无法确定

47. 三层梁平面配筋图中 2 轴线/C 至 E 轴线梁顶标高为(　　)。

A. −0.200 m　　B. 8.700 m

C. 8.900 m　　D. 8.500 m

48. 本工程 KZ1 复合箍筋支数为(　　)。

A. 3×3　　B. 3×4

C. 4×3　　D. 4×4

49. 本工程楼梯梯柱(TZ1)置于框架梁上时,框架梁增设附加吊筋规格为(　　)。

A. 2C12　　B. 2C14　　C. 2C16　　D. 无法确定

50. 本工程基础形式为(　　)。

A. 人工挖孔灌注桩基础　　B. 预应力管桩基础

C. 机械钻孔灌注桩基础　　D. 无法确定

51. 本工程基础持力层为(　　)。

A. 中等风化砂岩　　B. 微风化泥岩

C. 微风化砂岩　　D. 中等风化泥岩

52. 本工程地梁的标高为(　　)。

A. 正负零　　B. −0.300 m

C. −0.600 m　　D. 不能确定

53. 本工程地梁底部的钢筋保护层厚度为(　　)。

A. 40 mm　　B. 25 mm

C. 50 mm　　D. 不能确定

54. 本工程桩基础箍筋形式为(　　)。

A. 复合箍筋　　B. 菱形箍筋　　C. 螺旋箍筋　　D. 不能确定

二、多项选择题(55～59 题,每题 3.0 分,共计 15 分。选对得 3 分,多选、错选不得分,漏选得 1 分)

55. 下列关于框架填充墙需要设置构造柱说法正确的是(　　)。

A. 填充墙内外墙交接处　　B. 外墙转折处

C. 大于 2 m 的洞口两侧　　D. 墙体长度超过 4 m

56. 关于本工程基础说法正确的是(　　)。

A. 本工程为浅基础　　B. 桩基纵筋为 HRB335 钢筋

C. 桩基钢筋保护层厚度为 50 mm　　D. 桩身直径为 800 mm

57. 下列属于本工程室外标高－0.150 m 处地面构造层次的是(　　)。

A. 石材面层　　B. 30 mm 厚 1∶3 干硬性水泥砂浆

C. 200 mm 厚 C20 混凝土垫层　　D. 100 mm 厚透水级配碎石

58. 关于本工程屋面排水防水说法正确的是(　　)。

A. 屋面排水坡度为 2%

B. 屋面排水雨水管直径为 80 mm

C. 屋面防水层合理使用年限为 15 年

D. 屋面排水形式为女儿墙内檐沟外排水

59. 关于本工程楼梯 2 下列说法正确的是(　　)。

A. 为平行双跑楼梯　　B. 为钢筋混凝土现浇整体式楼梯

C. 为板式梯段　　D. 为预制装配式钢筋混凝土楼梯

※※※※※※※※※※※※※※※※※※※※※※※※※※※※※※※※※※

项目二　试卷 A:“建筑工程识图”答案

一、单项选择题(1～54 题,每题 2.5 分,共计 135 分)

1	2	3	4	5	6	7	8	9	10	11	12	13	14	15	16	17	18
B	C	B	A	D	D	C	A	B	C	A	D	B	A	C	C	B	D
19	20	21	22	23	24	25	26	27	28	29	30	31	32	33	34	35	36
B	C	A	A	B	B	D	B	A	C	B	D	B	C	A	C	D	D
37	38	39	40	41	42	43	44	45	46	47	48	49	50	51	52	53	54
B	A	C	C	A	C	A	C	B	A	D	A	C	C	D	B	A	C

二、多项选择题(55～59 题,每题 3.0 分,共计 15 分。选对得 3 分,多选、错选不得分,漏选得 1 分)

55	56	57	58	59
ABCD	CD	ABD	ACD	ABC

项目五　试卷 B:“建筑工程绘图”试卷(120 分)

※※※※※※※※※※※※※※※※※※※※※※※※※※※※※※※※※※※※※※

绘图卷成果提交要求:(本试卷共 6 页)

1. 参赛选手在自己的电脑桌面上新建文件夹,文件夹以赛场机位号命名。

例:选手甲的机位号是 101A,即 1 号赛场,01 号机位,文件夹名称应为“101A”。

2. 选手必须将绘制好的所有.dwg 格式的文件存放在该文件夹内,且该文件夹内保留的文件数量应与绘图任务规定的图纸数量相等,否则不予评分。

注:.dwg 格式的文件保存要求详见试题。

※※※※※※※※※※※※※※※※※※※※※※※※※※※※※※※※※※※※※※

第一部分　建筑施工图绘制(60 分)

试题 1:绘图环境的设置(7 分)

1. 图层设置(4 分)。

要求见表 1。

表 1　图层设置

序号	图层名称	颜色	线型	线宽
1	轴线	1	CENTER	0.13
2	墙体楼板	9	CONTINUOUS	0.5
3	门窗	4	CONTINUOUS	0.13
4	填充	16	CONTINUOUS	0.05
5	符号及尺寸标注	3	CONTINUOUS	0.13
6	文字	7	CONTINUOUS	DEFAULT
7	立面构件	7	CONTINUOUS	0.13
8	立面轮廓	2	CONTINUOUS	0.5
9	地坪线	5	CONTINUOUS	0.7

续表1

序号	图层名称	颜色	线型	线宽
10	图框	254	CONTINUOUS	0.5
11	图幅	254	CONTINUOUS	0.13
12	其他	6	CONTINUOUS	0.13

2.字体设置(1分)。

建立两种字体,要求如下:

(1)汉字:样式名为"汉字",字体名为"仿宋",宽高比为0.7。

(2)非汉字:样式名为"非汉字",字体名为"Tssdeng.shx",大字体为"Tssdchn.shx",宽高比为0.7。

3.尺寸样式设置(1分)。

要求如下:

(1)设置尺寸标注样式名为"比例100"。

(2)文字样式选用"非汉字",基线间距7,箭头大小为1.5,文字高度为3,全局比例为100。

(3)其余未明确部分按现行制图标准。

4.图框绘制(1分)。

要求如下:

(1)绘制A3横式图框,出图比例为1:1,标题栏按照图1绘制:

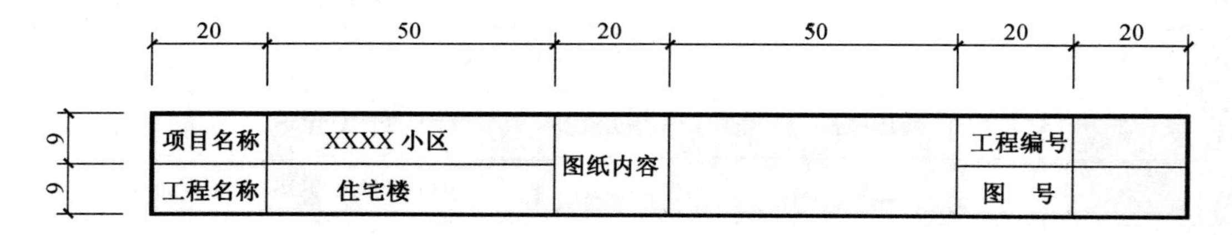

图1　标题栏

(2)图框线宽度0.5,幅面线宽度0.13,标题栏外框线宽0.35,标题栏分隔线宽0.18。

5.将绘图环境设置完毕,将文件保存为"图框.dwg"文件。

试题 2:绘制本工程图纸中的 3—3 剖面图(25 分)

识读提供的工程施工图,绘制 3—3 剖面图,图形比例 1∶100,按照 1∶1 的比例绘制,出图比例为 1∶100。

要求如下:

(1)利用前面设置好的绘图环境绘图,并将绘图结果放置在 A3 图框内。

(2)楼板和梯段板的厚度均为 100 mm,过梁高度均为 300 mm。

(3)其他的结构构件尺寸可参照结构施工图相应位置。

(4)需要绘出轴线、墙体、女儿墙、楼板、屋顶、楼梯、栏杆、地坪、门窗、尺寸、图名、比例、标高等内容,不绘楼面面层和踢脚线。

(5)将完成后的绘图成果保存为“剖面图.dwg”文件。

试题 3:绘制本工程的东立面图(20 分)

识读本工程施工图,修改建筑施工图东立面图,并重新绘制建筑东立面图。图形比例 1∶100,按照 1∶1 的比例绘制,出图比例为 1∶100。

要求如下:

(1)利用前面设置好的绘图环境绘图,并将绘图结果放置在 A3 图框内。

(2)绘制立面轮廓、门窗、屋顶、檐沟、雨篷、栏杆等,标注尺寸、标高及外墙面装饰装修情况等。

(3)将完成后的绘图成果保存为“东立面图.dwg”文件。

试题 4:绘制六层平面图②④轴线间Ⓒ轴线上的Ⓣ详图(8 分)

1.利用前面设置好的绘图环境绘图,并将绘图结果放置在 A3 图框内,图形比例 1∶20,按照 1∶1 的比例绘制,出图比例为 1∶20。

2.绘出构件造型、窗台、栏杆、保温层、装修层等,对图形进行图案填充;标注相应位置的尺寸和标高。

3.结构构件尺寸可参照结构施工图相应位置。

4.将完成后的绘图成果保存为“建筑详图.dwg”文件。

第二部分　结构施工图绘制(60 分)

注意事项:

1. 标注结构构造尺寸时,按照构造标准的限值取值,不作人为放大调整,且小数点后数字进位。

例:计算值为 99,标注值为 99;计算值为 99.3,标注值为 100。

2. 图形中的钢筋采用多段线绘制,设置线宽,确保钢筋的线宽出图后宽度为0.5 mm。

3. 文字标注:采用模板文件中设置好的“仿宋”文字样式标注。

4. 尺寸标注:根据出图比例,选择样板文件中已设置好的绘图比例“比例 20”“比例 25”“比例 50”进行标注。

5. 按照样板文件中已设置好的图层进行绘图。

试题 1:绘制基础的断面图(10 分)

1. 绘制如图 2 所示基础的断面图。图形比例 1∶20,按照 1∶1 的比例绘制,出图比例为 1∶20。

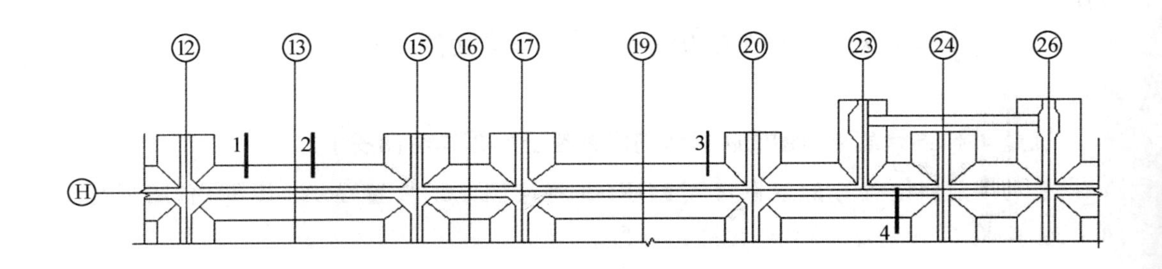

图 2　断面图

2. 绘出基础和垫层的轮廓、钢筋,标注基础的钢筋、尺寸和基底标高,标注图名和比例。

试题 2:绘制柱配筋图(20 分)

绘制②Ⓒ轴线相交处 KZ1 的配筋纵剖面图,并按照平法截面注写方式绘制其断面图。柱纵剖面图的图形比例为 1∶50,按照 1∶1 绘制,出图比例为 1∶50;断面图的图形比例为 1∶25,柱纵剖面图和断面图均放置图框内。

要求如下：

(1)柱纵筋均伸至基础底板筋上。

(2)柱纵剖面绘制高度：基础底部～6.800 标高处。

(3)绘出构件的轮廓，柱纵筋及其锚固、连接点的位置。

(4)标出各结构构件的标高，标注加密区、非加密区的范围及箍筋的配置，标注基础内箍筋的位置。

试题 3：绘制梁配筋图(20 分)

绘制六层 KLy1 的纵剖面图和断面图。断面图按照平法截面注写方式进行标注。断面图的位置如图 3 所示。梁纵断面图图形比例为 1∶50，按照 1∶1 比例绘制，出图比例为 1∶50。断面图的图形比例为 1∶25，与梁纵剖面图放在同一图框内。

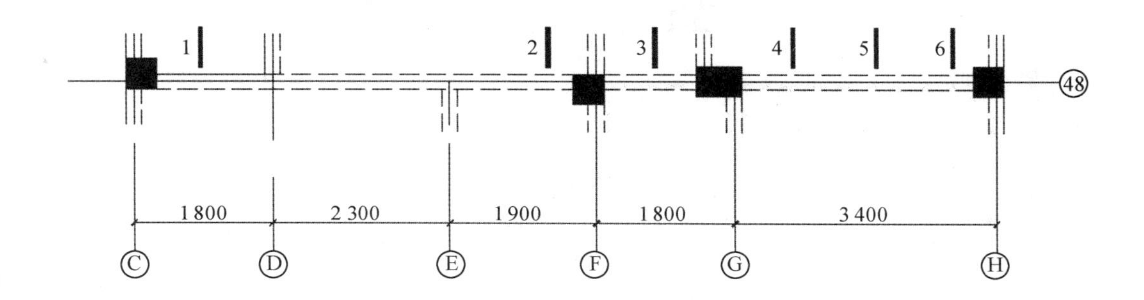

图 3　断面图位置示意

1. 绘制 KLy1 的纵剖面图的要求。

(1)不考虑纵筋太长引起的搭接问题；

(2)绘制出标高、轴线号、尺寸、梁柱轮廓等；

(3)绘制出所有纵筋及钢筋不可见截断点的位置，并标注钢筋级别、根数、直径及必要的构造尺寸；

(4)绘制出箍筋加密区与非加密区的分界线并标注分界线尺寸和各箍筋级别、直径、间距；

(5)绘出附加箍筋，标注附加箍筋的位置、间距，并标注其数量和配置；

(6)梁纵断面图图形比例为 1∶50，按照 1∶1 比例绘制，出图比例为 1∶50。

2. 绘制 KLy1 的 1—1～6—6 断面图的要求。

(1)断面必须绘制梁截面轮廓、梁钢筋(纵筋、箍筋、构造钢筋等)，板翼缘应绘制示意图；

(2)标注梁截面尺寸、标高；

(3)梁筋注明数量和规格;

(4)断面图的图形比例为 1∶25,与梁纵剖面图放在同一图框内;

(5)按照平法截面注写方式进行标注。

试题 4:绘制板配筋断面图(10 分)

绘制二层 2.850 处 PTB2 的配筋断面图,如图 4 所示。

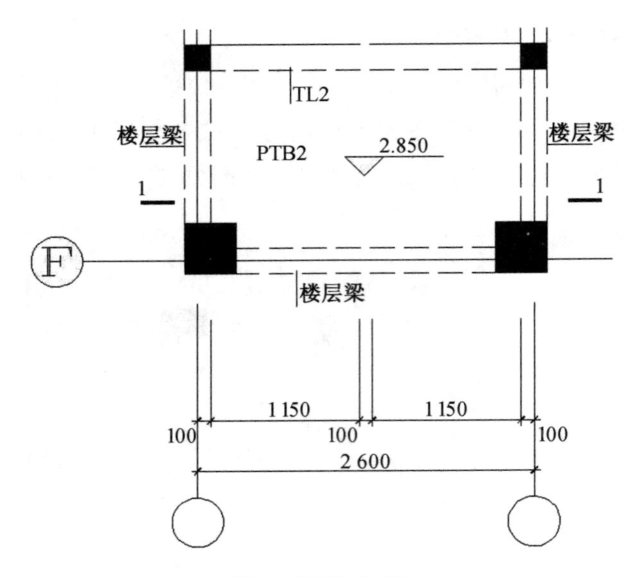

图 4　配筋断面图

要求如下:

(1)绘出结构构件的轮廓、定位轴线及其尺寸;绘出 PTB2 的钢筋;

(2)标注板的钢筋,标注锚固长度及钢筋的布置位置等;

(3)板纵断面图图形比例为 1∶20,按照 1∶1 比例绘制,出图比例为 1∶20。

项目八　试卷 B:“建筑工程绘图卷”评分细则

1. 图框(7 分)

<table>
<tr><th>序号</th><th colspan="2">评分内容</th><th>评分标准</th><th>得分</th></tr>
<tr><td>1</td><td colspan="2">图层设置(1.5 分)</td><td>共 12 个图层(图层中名称、颜色、线型、线宽各 0.1 分,每个图层 0.5 分,扣完为止)</td><td></td></tr>
<tr><td>2</td><td colspan="2">字体设置(1.5 分)</td><td>两种字体,每种字体的样式名、字体样式、宽度因子每项 0.5 分,扣完为止</td><td></td></tr>
<tr><td>3</td><td colspan="2">尺寸样式(1.5 分)</td><td>尺寸标注样式名,文字样式,箭头大小,文字高度,全局比例为 100。每项 0.5 分,扣完为止</td><td></td></tr>
<tr><td rowspan="3">4</td><td rowspan="3">图框绘制(2.5 分)</td><td>图幅尺寸(0.5 分)</td><td>A3 图幅,长、宽错一边均算错</td><td></td></tr>
<tr><td>图框粗线(0.5 分)</td><td>图框粗实线 0.5 分,四边位置 0.5 分,错一边均算错</td><td></td></tr>
<tr><td>标题栏(1.5 分)</td><td>标题栏外框粗实线 0.5 分,分隔线细线 0.5 分,文字每个 0.1 分,扣完为止</td><td></td></tr>
<tr><td colspan="4">合计</td><td></td></tr>
</table>

2. 剖面图(25 分)

序号	评分内容	评分标准	得分
1	图名、比例(1 分)	图名和比例各 0.5 分	
2	轴线(1 分)	4 根轴线标号,每个 0.25 分	
3	墙体及门窗(6 分)	阳台栏板及阳台窗顶部梁的细部构造 2 分;剖切到的门窗,缺少一个扣 0.2 分,扣完为止	
4	地坪和楼板(3 分)	五层楼板和屋面板每个 0.5 分;未按照要求绘制梁的布置,每层扣 0.1 分	
5	立面门窗(2 分)	共 12 个立面门,每个 0.2 分,扣完为止	
6	楼梯(5 分)	共 10 个梯段,每个梯段 0.5 分,剖切到的梯段和投影梯段位置不对,每层扣 0.25 分,扣完为止	
7	尺寸标注(3 分)	左右、下部尺寸共 3 处尺寸标注,尺寸基本完整且正确即可得 1 分,不完整或有错误扣 0.5 分,未标注不得分	
8	标高(2 分)	7 个楼层和屋面标高,标在左右侧均可,每个 0.3 分,扣完为止	
9	整体效果(2 分)	绘图不完整扣 1 分,绘图完整但不美观扣 0.5 分	
合计			

3. 立面图(20 分)

序号	评分内容	评分标准	得分
1	绘图方向(2 分)	投影方向正确得 2 分	
2	图名、比例(1 分)	图名和比例各 0.5 分	
3	轴线和外轮廓线(1 分)	需要绘出 A、H 轴线,位置正确得 0.5 分,位置错误不得分。外轮廓线用粗实线,得 0.5 分;未绘出,不得分	
4	立面门窗(3 分)	共 6 个立面窗,每个 0.5 分	
5	立面线条(5 分)	墙体竖向和水平轮廓线条、屋顶的轮廓,基本完整得 3.5 分;绘图完整得 5 分;绘图不完整,内容缺少较多,得 2 分	
6	尺寸标注(2 分)	两道尺寸线,可标注一侧,基本完整且无错误得 2 分,不完整或有部分错误扣 1 分	
7	标高(2 分)	9 个标高,标在左右侧均可,少一个扣 0.3 分,扣完为止	
8	墙面装修(2 分)	可以用图案表达,也可以用引注线引注,共四个,每个 0.5 分	
9	整体效果(2 分)	绘图完整且美观,得 2 分;绘图完整但不美观,扣 0.5 分;绘图不完整,扣 1 分	
合计			

4. 节点详图(8 分)

序号	评分内容	评分标准	得分
1	图名、比例、定位轴线(1.5 分)	图名、比例、定位轴线,缺一处扣 0.5 分	
2	构造细部(2 分)	梁构造细部 1.5 分,窗台 0.5 分,不完整扣 1 分	
3	保温层和装修层及材料图例(2 分)	墙面装修做法及图案填充 2 分,不完整扣 1 分	
4	尺寸标注(1 分)	标注完整,得 1 分,不完整扣 0.5 分	
5	整体效果(1.5 分)	投影方向正确得 0.5 分,图框根据出图比例缩小正确得 1 分,否则不得分	
合计			

5. 基础详图(10 分)

<table>
<tr><th>评分内容</th><th>评分标准</th><th colspan="2">得分</th></tr>
<tr><td rowspan="4">4 个断面图每个 2.5 分</td><td rowspan="4">(1)图名和比例 0.1 分；
(2)构件轮廓包括尺寸标注 0.8 分，错一处扣 0.1 分，扣完为止；
(3)钢筋位置及标注 1.2 分，每个 0.2 分，扣完为止；
(4)标高 0.2 分；
(5)线宽 0.1 分，根据比例多段线宽度应为 10 mm，错误扣 0.1 分</td><td>1—1</td><td></td></tr>
<tr><td>2—2</td><td></td></tr>
<tr><td>3—3</td><td></td></tr>
<tr><td>4—4</td><td></td></tr>
<tr><td colspan="2">合计</td><td colspan="2"></td></tr>
</table>

6. 柱配筋图(20 分)

<table>
<tr><th>项目</th><th>评分内容</th><th>评分标准</th><th>得分</th></tr>
<tr><td rowspan="4">纵剖面</td><td>柱轮廓线(1 分)</td><td>绘出框架柱轮廓线得 1 分</td><td></td></tr>
<tr><td>钢筋的位置(2 分)</td><td>绘出钢筋的位置轮廓、底部平直段，缺少扣 0.5 分，扣完为止</td><td></td></tr>
<tr><td>尺寸标注(7.5 分)</td><td>钢筋加密区和非加密区、钢筋底部平直段的尺寸标注(平直段算一个尺寸)、基础高度和标高共 15 个，每个0.5 分</td><td></td></tr>
<tr><td>钢筋标注(5.5 分)</td><td>钢筋加密区和非加密区 7 个，每个 0.5 分，节点核心区箍筋标注 2 个，每个 1 分</td><td></td></tr>
<tr><td>断面</td><td>断面图(3 分)</td><td>(1)纵筋 8 个，每个 0.1 分；
(2)三肢箍筋 0.25 分；
(3)集中标注、原位标注 10 个，缺一个或错一个扣 0.2 分，扣完为止；
(4)未按照平法标注扣 0.25 分</td><td></td></tr>
<tr><td colspan="2">整体效果(1 分)</td><td>根据出图比例，图中多段线宽度应为 25，字体高度应为 175，每错一处扣 0.5 分</td><td></td></tr>
<tr><td colspan="3">合计</td><td></td></tr>
<tr><td colspan="4">说明：因主要考核的是识图能力，故参考图是最简单的，是最低要求。(线宽不正确时认为该线不正确，但请注意打开线宽观察，只要比一般线粗即可，不强调线宽的具体数值，也不强调是用线宽来解决加粗还是用 PL 线来解决加粗)</td></tr>
</table>

7. 梁配筋图(20 分)

序号	评分内容		评分标准	得分
1	梁纵剖面图	绘出梁构件轮廓，绘出定位轴线(1 分)	包括框架柱、框架梁、次梁共 8 个构件的轮廓，4 个定位轴线，缺少一个扣 0.1 分，扣完为止	
		钢筋线(2 分)	包括梁上部纵筋、下部纵筋及其截断点和平直段弯钩、附加箍筋，缺少一个扣 0.1 分，扣完为止	
		钢筋标注(5 分)	包括梁上部纵筋、附加箍筋、加密区和非加密区箍筋的钢筋标注，共 25 个，每个 0.2 分	
		尺寸标注(7.5 分)	包括纵筋锚固处平直段长度、纵筋截断点尺寸、箍筋布置尺寸、加密区和非加密区尺寸共 25 个，每个 0.3 分	
2	断面图(3.5 分)		(1)未按照平法注写扣 0.5 分 (2)尺寸和钢筋标注错，每个扣 0.1 分，扣完为止	
3	整体效果(1 分)		按照出图比例，多段线宽度应为 25，字体高度应为 175，错一个扣 0.5 分	
合计				

8. 板配筋图(10 分)

序号	评分内容	评分标准	得分
1	构件轮廓和定位轴线(1 分)	绘出现浇板轮廓和定位轴线，不需要标注轴线编号，缺少或错误每个扣 0.5 分	
2	钢筋线(2.5 分)	绘出钢筋的小圆点和直线得 0.5 分，上部位置钢筋和下部位置钢筋错每个扣 1 分	
3	尺寸标注(3.5 分)	尺寸标注共 9 个，每个 0.4 分	
4	钢筋的标注(2 分)	钢筋标注共 4 个，每个 0.5 分	
5	整体效果(1 分)	根据出图比例多段线的宽度为 10，字体高度为 70，每错一个扣 0.5 分	
合计			